高等学校教学参考书

大学生创新能力培养用书

高等数学研究点滴

丁殿坤　吕端良　岳　嵘　郭秀荣　著

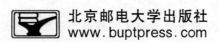北京邮电大学出版社
www.buptpress.com

内 容 简 介

本书主要对高等数学内容整体上进行研究,作者结合几十年的高等数学(数学分析)教学,通过分析、研究教材,对教材中定理进行推广,得到了等价定理和一些新方法等,形成了一系列成果,写成了《高等数学研究点滴》一书. 全书共四章:第一章极限求法的研究;第二章微积分研究;第三章级数审敛法的等价定理研究;第四章空间解析几何的研究. 推广的定理、新方法都是以定理推论的形式出现,并有严格的证明. 该书很适合作为高等学校数学教师的教学参考书和大学高年级学生研究和提高数学能力的自学用书.

图书在版编目(CIP)数据

高等数学研究点滴 / 丁殿坤等著. -- 北京 :北京邮电大学出版社,2017.4(2017.7 重印)
ISBN 978-7-5635-5053-1

Ⅰ. ①高… Ⅱ. ①丁… Ⅲ. ①高等数学—研究 Ⅳ. ①O13

中国版本图书馆 CIP 数据核字(2017)第 056941 号

书 名	高等数学研究点滴
著作责任者	丁殿坤 吕端良 岳 嵘 郭秀荣 著
责 任 编 辑	马晓仟
出 版 发 行	北京邮电大学出版社
社 址	北京市海淀区西土城路 10 号(邮编:100876)
发 行 部	电话:010-62282185 传真:010-62283578
E-mail	publish@bupt.edu.cn
经 销	各地新华书店
印 刷	北京九州迅驰传媒文化有限公司
开 本	720 mm×1 000 mm 1/16
印 张	5.75
字 数	104 千字
版 次	2017 年 4 月第 1 版 2017 年 7 月第 2 次印刷

ISBN 978-7-5635-5053-1　　　　　　　　　　　　　　定 价:20.00 元

· 如有印装质量问题请与北京邮电大学出版社发行部联系 ·

前　言

高等数学(数学分析)是高等学校各专业重要的公共基础课,是培养学生抽象思维、逻辑推理、空间想象能力和科学计算能力以及应用知识能力必不可少的一门课程,也是进一步学习现代科学知识的必修课。其主要内容是微积分,它不但广泛地应用于自然科学和工程技术,而且已经渗透到生命科学、经济科学和社会科学等众多领域,乃至行政管理和人们的日常生活中,所以,能否应用数学观念定量思维已经成为衡量民族文化素质的一个重要标志,正如马克思所说,"一门科学只有成功地运用数学时,才算达到了完善的地步"。

再者,高等数学也是理工、经济类学生报考硕士研究生必考的重要课程。作者几十年来结合高等数学(数学分析)教学实践,通过分析、研究教材,对教材中的定理进行推广,得到了等价定理和一些解决问题的新方法等,形成了一系列成果,积累成书,故而,取名《高等数学研究点滴》。本书具有如下特点:在高等数学(数学分析)的基础上加深了研究,拓宽了知识面;推广的定理、新方法是以定理(推论)的形式出现;推广的定理、方法都有相应的应用举例,从而使读者对成果作用一目了然,易于掌握;对推广的定理、方法、结论均进行了严格的证明;其知识的多样性、灵活性、技巧性等在该书中都得以体现。由于研究不受高等数学教材内容顺序的限制,而是在高等数学内容基础上整体进行研究,因此,该书很适合作为高等学校数学教师的教学参考书,更可以作为大学高年级学生研究和提高数学能力的自学用书。

在撰写和出版该书的过程中得到了有关领导、老师的大力支持和帮助,在此表示感谢! 囿于水平,加之文稿整理时间仓促,难免有错误和不当之处,恳请读者批评指正。

丁殿坤

2016 年 9 月于泰山脚下. 泰安. 山东科技大学

目　　录

第一章　极限求法的研究

1.1　三个极限公式及应用

1.1.1　基本定理及其证明

极限是高等数学（或数学分析）中非常重要的内容，而极限的类型又比较多，因此，有些极限求起来很困难，甚至所求结果不知对错，是初学者的难点. 如

求形如 $\lim\limits_{x \to x_0} \dfrac{\sum\limits_{k=1}^{n} a_k^{f(x)} - n}{f(x)}$、$\lim\limits_{x \to x_0} \Big[\sum\limits_{k=1}^{n} a_k^{f(x)} - (n-1) \Big]^{\frac{1}{f(x)}}$ 和 $\lim\limits_{x \to x_0} \Big(\dfrac{1}{n} \sum\limits_{k=1}^{n} a_k^{f(x)} \Big)^{\frac{1}{f(x)}}$ 的

极限，经常要用对数恒等式变形、等价无穷小代换，再用已知的结果，有时使用 L'Hospital 法则才能得到极限结果，非常麻烦，为了使求极限公式化，于是给出如下定理.

定理 1.1.1　设当 $x \to x_0$ 时 $f(x) \to 0$，则

$$\lim_{x \to x_0} \frac{\sum\limits_{k=1}^{n} a_k^{f(x)} - n}{f(x)} = \lim_{f(x) \to 0} \frac{a_1^{f(x)} + a_2^{f(x)} + \cdots + a_n^{f(x)} - n}{f(x)}$$

$$= \ln\Big(\prod_{k=1}^{n} a_k \Big) \quad (a_k > 0).$$

1

证 因 $\dfrac{\sum\limits_{k=1}^{n} a_k^{f(x)} - n}{f(x)} = \dfrac{(a_1^{f(x)} - 1) + (a_2^{f(x)} - 1) + \cdots + (a_n^{f(x)} - 1)}{f(x)}$,

而

$$\lim_{x \to 0} \frac{a^x - 1}{x} = \ln a,$$

故

$$\lim_{x \to x_0} \frac{\sum\limits_{k=1}^{n} a_k^{f(x)} - n}{f(x)} = \lim_{f(x) \to 0} \frac{(a_1^{f(x)} - 1) + (a_2^{f(x)} - 1) + \cdots + (a_n^{f(x)} - 1)}{f(x)}$$

$$= \lim_{f(x) \to 0} \left(\frac{a_1^{f(x)} - 1}{f(x)} + \frac{a_2^{f(x)} - 1}{f(x)} + \cdots + \frac{a_n^{f(x)} - 1}{f(x)} \right)$$

$$= \ln a_1 + \ln a_2 + \cdots + \ln a_n = \ln\left(\prod_{k=1}^{n} a_k \right).$$

定理 1.1.2 设当 $x \to x_0$ 时 $f(x) \to 0$,则

$$\lim_{x \to x_0} \Big[\sum_{k=1}^{n} a_k^{f(x)} - (n-1) \Big]^{\frac{1}{f(x)}} = \lim_{f(x) \to 0} (a_1^{f(x)} + a_2^{f(x)} + \cdots + a_n^{f(x)})^{\frac{1}{f(x)}}$$

$$= \prod_{k=1}^{n} a_k \,(a_k > 0).$$

证 因 $\lim\limits_{x \to x_0} \Big[\sum\limits_{k=1}^{n} a_k^{f(x)} - (n-1) \Big]^{\frac{1}{f(x)}} = \lim\limits_{x \to x_0} e^{\frac{1}{f(x)} \ln \left(\sum\limits_{k=1}^{n} a_k^{f(x)} - n + 1 \right)}$

$$= e^{\lim\limits_{x \to x_0} \frac{1}{f(x)} \ln \left(\sum\limits_{k=1}^{n} a_k^{f(x)} - n + 1 \right)},$$

而

$$\lim_{x \to x_0} \frac{1}{f(x)} \ln \Big(\sum_{k=1}^{n} a_k^{f(x)} - n + 1 \Big) = \lim_{f(x) \to 0} \frac{1}{f(x)} \ln \Big(\sum_{k=1}^{n} a_k^{f(x)} - n + 1 \Big)$$

$$= \lim_{f(x) \to 0} \frac{1}{f(x)} \ln \big[(a_1^{f(x)} - 1) + (a_2^{f(x)} - 1) + \cdots +$$

$$(a_n^{f(x)} - 1) + 1 \big].$$

而

$$\ln(1 + x) \sim x \quad (x \to 0),$$

故此,当 $f(x) \to 0$ 时,

$$\ln\big[(a_1^{f(x)} - 1) + (a_2^{f(x)} - 1) + \cdots + (a_n^{f(x)} - 1) + 1 \big] \sim$$

$$\big[(a_1^{f(x)} - 1) + (a_2^{f(x)} - 1) + \cdots + (a_n^{f(x)}) \big],$$

所以,

$$\lim_{f(x)\to 0}\frac{1}{f(x)}\ln\left[(a_1^{f(x)}-1)+(a_2^{f(x)}-1)+\cdots+(a_n^{f(x)}-1)+1\right]$$

$$=\lim_{f(x)\to 0}\frac{1}{f(x)}\left[(a_1^{f(x)}-1)+(a_2^{f(x)}-1)+\cdots+(a_n^{f(x)}-1)\right]$$

$$=\lim_{f(x)\to 0}\left(\frac{a_1^{f(x)}-1}{f(x)}+\frac{a_2^{f(x)}-1}{f(x)}+\cdots+\frac{a_n^{f(x)}-1}{f(x)}\right)$$

$$=\ln a_1+\ln a_2+\cdots+\ln a_n$$

$$=\ln\left(\prod_{k=1}^{n}a_k\right).$$

故　　　$$\lim_{x\to x_0}\left[\sum_{k=1}^{n}a_k^{f(x)}-(n-1)\right]^{\frac{1}{f(x)}}=\lim_{x\to x_0}\mathrm{e}^{\frac{1}{f(x)}\ln\left(\sum_{k=1}^{n}a_k^{f(x)}-n+1\right)}$$

$$=\mathrm{e}^{\lim\limits_{x\to x_0}\frac{1}{f(x)}\ln\left(\sum_{k=1}^{n}a_k^{f(x)}-n+1\right)}$$

$$=\mathrm{e}^{\lim\limits_{f(x)\to 0}\frac{1}{f(x)}\ln\left(\sum_{k=1}^{n}a_k^{f(x)}-n+1\right)}$$

$$=\mathrm{e}^{\ln\left(\prod\limits_{k=1}^{n}a_k\right)}=\prod_{k=1}^{n}a_k.$$

定理 1.1.3　设当 $x\to x_0$ 时 $f(x)\to 0$,则

$$\lim_{x\to x_0}\left(\frac{1}{n}\sum_{k=1}^{n}a_k^{f(x)}\right)^{\frac{1}{f(x)}}=\lim_{f(x)\to 0}\left(\frac{a_1^{f(x)}+a_2^{f(x)}+\cdots a_n^{f(x)}}{n}\right)^{\frac{1}{f(x)}}$$

$$=\sqrt[n]{\prod_{k=1}^{n}a_k}\quad(a_k>0).$$

证　　因 $$\lim_{x\to x_0}\left(\frac{1}{n}\sum_{k=1}^{n}a_k^{f(x)}\right)^{\frac{1}{f(x)}}=\lim_{x\to x_0}\mathrm{e}^{\frac{1}{f(x)}\ln\left(\sum_{k=1}^{n}\frac{a_k^{f(x)}}{n}\right)}$$

$$=\mathrm{e}^{\lim\limits_{x\to x_0}\frac{1}{f(x)}\ln\left(\sum_{k=1}^{n}\frac{a_k^{f(x)}}{n}\right)}$$

$$=\mathrm{e}^{\lim\limits_{f(x)\to 0}\frac{1}{f(x)}\ln\left(\sum_{k=1}^{n}\frac{a_k^{f(x)}}{n}\right)},$$

而　　　$$\lim_{f(x)\to 0}\left[\frac{1}{f(x)}\ln\left(\sum_{k=1}^{n}\frac{a_k^{f(x)}}{n}\right)\right]$$

$$=\lim_{f(x)\to 0}\left[\frac{1}{f(x)}\ln\left(\left(\frac{a_1^{f(x)}-1}{n}+\frac{a_2^{f(x)}-1}{n}+\cdots+\frac{a_n^{f(x)}-1}{n}\right)+1\right)\right]$$

$$=\lim_{f(x)\to 0}\left[\frac{1}{f(x)}\left(\frac{a_1^{f(x)}-1}{n}+\frac{a_2^{f(x)}-1}{n}+\cdots+\frac{a_n^{f(x)}-1}{n}\right)\right]$$

$$=\lim_{f(x)\to 0}\left[\frac{1}{n}\left(\frac{a_1^{f(x)}-1}{f(x)}+\frac{a_2^{f(x)}-1}{f(x)}+\cdots+\frac{a_n^{f(x)}-1}{f(x)}\right)\right]=\frac{1}{n}\ln\left(\prod_{k=1}^{n}a_k\right).$$

所以，

$$\lim_{x \to x_0} \left(\frac{1}{n} \sum_{k=1}^{n} a_k^{f(x)} \right)^{\frac{1}{f(x)}} = e^{\lim_{f(x) \to 0} \frac{1}{f(x)} \ln \left(\sum_{k=1}^{n} \frac{a_k^{f(x)}}{n} \right)} = e^{\frac{1}{n} \ln \left(\prod_{k=1}^{n} a_k \right)} = \sqrt[n]{\prod_{k=1}^{n} a_k}.$$

为了使用公式叙述方便，因此，把极限 $\lim\limits_{x \to x_0} \dfrac{\sum\limits_{k=1}^{n} a_k^{f(x)} - n}{f(x)}$、

$\lim\limits_{x \to x_0} \left[\sum\limits_{k=1}^{n} a_k^{f(x)} - (n-1) \right]^{\frac{1}{f(x)}}$ 和 $\lim\limits_{x \to x_0} \left(\dfrac{1}{n} \sum\limits_{k=1}^{n} a_k^{f(x)} \right)^{\frac{1}{f(x)}}$ 依次分别叫作"**第一类极限**"、

"**第二类极限**"、"**第三类极限**".

1.1.2　应用举例

例 1　求极限 $\lim\limits_{x \to 1} \dfrac{2^{x-1} + 3^{x-1} + 5^{x-1} - 3}{x-1}$.

解　这个极限属于**第一类极限**，$x_0 = 1$，$f(x) = x - 1$，当 $x \to 1$ 时，$f(x) \to 0$，而且 $n = 3$（$a_1 = 2, a_2 = 3, a_3 = 5$），故由定理 1.1.1 知

$$\lim_{x \to 1} \frac{2^{x-1} + 3^{x-1} + 5^{x-1} - 3}{x-1} = \lim_{(x-1) \to 0} \frac{2^{x-1} + 3^{x-1} + 5^{x-1} - 3}{x-1}$$
$$= \ln(a_1 a_2 a_3) = \ln(2 \cdot 3 \cdot 5)$$
$$= \ln 30.$$

例 2　求极限 $\lim\limits_{x \to 0} (5^{x^2} + 7^{x^2} + 8^{x^2} + 10^{x^2} - 3)^{\frac{1}{x^2}}$.

解　这个极限属于**第二类极限**，$x_0 = 0$，$f(x) = x^2$，当 $x \to 0$ 时，$f(x) \to 0$，而且 $n = 4$（$a_1 = 5, a_2 = 7, a_3 = 8, a_4 = 10$），故由定理 1.1.2 知

$$\lim_{x \to 0} (5^{x^2} + 7^{x^2} + 8^{x^2} + 10^{x^2} - 3)^{\frac{1}{x^2}} = \lim_{x^2 \to 0} (5^{x^2} + 7^{x^2} + 8^{x^2} + 10^{x^2} - 3)^{\frac{1}{x^2}}$$
$$= a_1 \cdot a_2 \cdot a_3 \cdot a_4$$
$$= 5 \cdot 7 \cdot 8 \cdot 10 = 2\ 800.$$

例 3　求极限 $\lim\limits_{x \to 0} \left(\dfrac{a^{x^3} + b^{x^3} + c^{x^3}}{3} \right)^{\frac{1}{x^3}}$　$(a > 0, b >, c > 0)$.

解　这个极限属于**第三类极限**，$x_0 = 0$，$f(x) = x^3$，当 $x \to 0$ 时 $f(x) \to 0$，而且 $n = 3$（$a_1 = a, a_2 = b, a_3 = c$），故由定理 1.1.3 知

$$\lim_{x \to 0} \left(\frac{a^{x^3} + b^{x^3} + c^{x^3}}{3} \right)^{\frac{1}{x^3}} = \lim_{x^3 \to 0} \left(\frac{a^{x^3} + b^{x^3} + c^{x^3}}{3} \right)^{\frac{1}{x^3}}$$

$$= \sqrt[3]{a_1 a_2 a_3} = \sqrt[3]{abc}.$$

1.2　无穷小量部分代换求极限

1.2.1　基本定理(证明)及推论

在求极限中,经常用无穷小代换的方法使其计算简化,如果严格遵守公式 $\lim \frac{\alpha}{\beta} = \lim \frac{\alpha'}{\beta'}$ (其中 $\alpha \sim \alpha', \beta \sim \beta'$),当然不会出错,否则,就会出现错误,因此,给出如下定理:

定理 1.2.1　设 $\alpha_1, \alpha_2, \alpha_2', \beta$ 是同一变化过程中的无穷小量,且 $\lim \frac{\alpha_1 \pm \alpha_2'}{\beta}$ 存在,则

$$\lim \frac{\alpha_1 \pm \alpha_2}{\beta} = \lim \frac{\alpha_1 \pm \alpha_2'}{\beta}$$

的充要条件是 $\alpha_2 - \alpha_2' = o(\beta)$.

证　(充分性)因 $\alpha_2 - \alpha_2' = o(\beta)$,所以,$\alpha_2 = \alpha_2' + o(\beta)$,则

$$\lim \frac{\alpha_1 \pm \alpha_2}{\beta} = \lim \frac{\alpha_1 \pm (\alpha_2' + o(\beta))}{\beta} = \lim \frac{o(\beta)}{\beta} = \lim \frac{\alpha_1 \pm \alpha_2'}{\beta}.$$

(必要性)若 $\lim \frac{\alpha_1 \pm \alpha_2}{\beta} = \lim \frac{\alpha_1 \pm \alpha_2'}{\beta}$,则

$$\lim \frac{\alpha_1 \pm \alpha_2}{\beta} - \lim \frac{\alpha_1 \pm \alpha_2'}{\beta} = 0,$$

即　$\lim \left(\frac{\alpha_1 \pm \alpha_2}{\beta} - \frac{\alpha_1 \pm \alpha_2'}{\beta} \right) = 0$,所以,$\lim \frac{\pm (\alpha_2 - \alpha_2')}{\beta} = 0$,故 $\alpha_2 - \alpha_2' = o(\beta)$.

推论 1.2.1　设 $\alpha, \beta_1, \beta_2, \beta_2'$ 是同一变化过程中的无穷小量,$\lim \frac{\alpha}{\beta_1 \pm \beta_2'}$ 存在

且不为零,则

$$\lim \frac{\alpha}{\beta_1 \pm \beta_2} = \lim \frac{\alpha}{\beta_1 \pm \beta_2'}$$

的充要条件是 $\beta_2 - \beta_2' = o(\alpha)$.

定理 1.2.2 设 $\alpha_1, \alpha_2, \alpha_2', \beta$ 是同一变化过程中的无穷小量,且 $\lim \frac{\alpha_1 \alpha_2'}{\beta}$ 存在,则

$$\lim \frac{\alpha_1 \alpha_2}{\beta} = \lim \frac{\alpha_1 \alpha_2'}{\beta}$$

的充要条件是 $\alpha_2 - \alpha_2'$ 有界 (即 $\alpha_2 - \alpha_2' = O(\beta)$).

证 (充分性)若 $\alpha_2 - \alpha_2' = O(\beta)$,而 α_1 是无穷小,故 $\lim \frac{\alpha_1(\alpha_2' - \alpha_2')}{\beta} = 0$,即

$\lim \left(\frac{\alpha_1 \alpha_2}{\beta} - \frac{\alpha_1 \alpha_2'}{\beta} \right) = 0$,故 $\lim \frac{\alpha_1 \alpha_2}{\beta} = \frac{\alpha_1 \alpha_2'}{\beta}$.

推论 1.2.2 设 $\alpha, \beta_1, \beta_2, \beta_2'$ 是同一变化过程中的无穷小量,$\lim \frac{\alpha}{\beta_1 \beta_2}$ 存在且不为零,则

$$\lim \frac{\alpha}{\beta_1 \beta_2} = \lim \frac{\alpha}{\beta_1 \beta_2'}$$

的充要条件是 $\beta_2 - \beta_2' = O(\alpha)$.

1.2.2 应用举例

例 1 求 $\lim\limits_{x \to 0} \dfrac{5x^2 - 2\sin^2 x}{3x^3 + 4\tan^2 x}$.

解 因 $\lim\limits_{x \to 0} \dfrac{\sin^2 x - x^2}{3x^3 + 4\tan^2 x} = \lim\limits_{x \to 0} \dfrac{\left(\frac{\sin x}{x}\right)^2 - 1}{3x + 4\tan^2 x} = 0$,所以,$\sin^2 x - x^2 = o(3x^3 + 4\tan^2 x)$,故由定理 1.2.1 知

$$\lim_{x \to 0} \frac{5x^2 - 2\sin^2 x}{3x^3 + 4\tan^2 x} = \lim_{x \to 0} \frac{5x^2 - 2x^2}{3x^3 + 4\tan^2 x} = \lim_{x \to 0} \frac{3x^2}{3x^3 + 4\tan^2 x}.$$

而 $\lim\limits_{x \to 0} \dfrac{\tan^2 x - x^2}{3x^2} = 0$,所以,$\tan^2 x - x^2 = o(3x^2)$,故由推论 1.2.1 知

$$\lim_{x \to 0} \frac{3x^2}{3x^3 + 4\tan^2 x} = \lim_{x \to 0} \frac{3x^2}{3x^3 + 4x^2}.$$

即

$$\lim_{x \to 0} \frac{5x^2 - 2\sin^2 x}{3x^3 + 4\tan^2 x} = \lim_{x \to 0} \frac{5x^2 - 2x^2}{3x^3 + 4\tan^2 x} = \lim_{x \to 0} \frac{3x^2}{3x^3 + 4x^2} = \lim_{x \to 0} \frac{3}{3x + 4} = \frac{3}{4}.$$

例 2 求 $\lim\limits_{x \to 0} \dfrac{\sin x - x\cos x}{x^2 \sin x}$.

解 因 $\lim\limits_{x \to 0} \dfrac{\sin x - x}{\sin x - x\cos x} = -\dfrac{1}{2}$, 所以, $\sin x - x = O(\sin x - x\cos x)$, 故由推论 1. 2. 2 知

$$\lim_{x \to 0} \frac{\sin x - x\cos x}{x^2 \sin x} = \lim_{x \to 0} \frac{\sin x - x\cos x}{x^3},$$

而 $\lim\limits_{x \to 0} \dfrac{\sin x - x}{x^3} = -\dfrac{1}{6}$, 所以, $\sin x - \left(x - \dfrac{1}{6}x^3\right) = o(x^3)$, 故由定理 1. 2. 1 知

$$\lim_{x \to 0} \frac{\sin x - x\cos x}{x^3} = \lim_{x \to 0} \frac{x - \dfrac{1}{6}x^3 - x\cos x}{x^3}.$$

即

$$\lim_{x \to 0} \frac{\sin x - x\cos x}{x^2 \sin x} = \lim_{x \to 0} \frac{x - \dfrac{1}{6}x^3 - x\cos x}{x^3} = \lim_{x \to 0} \frac{1 - \cos x}{x^2} - \frac{1}{6} = \frac{1}{2} - \frac{1}{6} = \frac{1}{3}.$$

例 3 求 $\lim\limits_{x \to 0} \dfrac{x^2 \sin x}{\tan x - x}$.

解 因 $\lim\limits_{x \to 0} \dfrac{\sin x - x}{\tan x - x} = -\dfrac{1}{2}$, 故 $\sin x - x = O(\tan x - x)$, 所以, 由定理 1. 2. 2 知 $\lim\limits_{x \to 0} \dfrac{x^2 \sin x}{\tan x - x} = \lim\limits_{x \to 0} \dfrac{x^3}{\tan x - x}$, 又由麦克劳林 (Maclaurin) 公式知 $\tan x = x + \dfrac{1}{3}x^3 + o(x^3)$, 即

$$\tan x - \left(x + \frac{1}{3}x^3\right) = o(x^3),$$

所以, 由推论 1. 2. 1 得

$$\lim_{x \to 0} \frac{x^3}{\tan x - x} = \lim_{x \to 0} \frac{x^3}{\left(x + \dfrac{1}{3}x^3\right) - x} = 3,$$

即 $\lim\limits_{x\to 0}\dfrac{x^2\sin x}{\tan x-x}=3.$

例 4 求 $\lim\limits_{x\to 1}\dfrac{\tan(x-1)-\sin(x-1)}{(x-1)^3}$.

解 由泰勒(Taylor)公式知

$$\tan(x-1)-\left[(x-1)+\frac{(x-1)^3}{3}\right]=o((x-1)^3),$$

$$\sin(x-1)-\left[(x-1)-\frac{(x-1)^3}{3!}\right]=o((x-1)^3),$$

所以,由定理 1.2.1 得

$$\lim\limits_{x\to 1}\frac{\tan(x-1)-\sin(x-1)}{(x-1)^3}=\lim\limits_{x\to 1}\frac{\left[(x-1)+\dfrac{(x-1)^3}{3}\right]-\left[(x-1)-\dfrac{(x-1)^3}{3!}\right]}{(x-1)^3}$$

$$=\lim\limits_{x\to 1}\frac{\left(\dfrac{1}{3}+\dfrac{1}{3!}\right)(x-1)^3}{(x-1)^3}=\frac{1}{3}+\frac{1}{3!}=\frac{1}{2}.$$

1.3 用带 Peano 余项的 Taylor 公式代换求极限应取的项数

1.3.1 基本定理(证明)及推论

在高等数学中,有时求极限,用带 Peano 余项的 Taylor 公式代换的方法求,许多高等数学教材中都有例子,但都没有说明取到哪一项才合适,因此,这一点必须弄清楚,如若不然,生搬、仿照去用此法,可能就会出现错误,故此,下面给出定理.

定理 1.3.1 设 $\alpha_1\pm\alpha_2$ 及 β 是 $x\to x_0$ 时的无穷小,$\alpha_2=f(x_0)+f'(x_0)(x-x_0)+\cdots+\dfrac{f^{(n)}(x_0)}{n!}(x-x_0)^n+o((x-x_0)^n)=P_n(x)+o((x-x_0)^n)$,如果 $\lim\limits_{x\to x_0}\dfrac{\beta}{(x-x_0)^k}=c\neq 0$ (c 是常数,k 是正整数),$\lim\limits_{x\to x_0}\dfrac{\alpha_1\pm P_n(x)}{\beta}$ 存在,则 $\lim\limits_{x\to x_0}\dfrac{\alpha_1\pm\alpha_2}{\beta}=$

$\lim\limits_{x \to x_0} \dfrac{\alpha_1 \pm P_n(x)}{\beta}$ 的充要条件是 $n \geqslant k$.

证 （充分性）因 $\lim\limits_{x \to x_0} \dfrac{\beta}{(x-x_0)^k} = c \neq 0$ （c 是常数），故 β 与 $(x-x_0)^k$ 是同阶无穷小 $(x \to x_0)$，当 $n \geqslant k$ 时，因 $o((x-x_0)^n) = o(\beta)$ 又 $\alpha_2 = P_n(x) + o((x-x_0)^n)$，故

$$\lim_{x \to x_0} \frac{\alpha_1 \pm \alpha_2}{\beta} = \lim_{x \to x_0} \frac{\alpha_1 \pm [P_n(x) + o((x-x_0)^n)]}{\beta}$$

$$= \lim_{x \to x_0} \frac{\alpha_1 \pm P_n(x)}{\beta} \pm \lim_{x \to x_0} \frac{o(\beta)}{\beta} = \lim_{x \to x_0} \frac{\alpha_1 \pm P_n(x)}{\beta}.$$

（必要性）若 $\lim\limits_{x \to x_0} \dfrac{\alpha_1 \pm \alpha_2}{\beta} = \lim\limits_{x \to x_0} \dfrac{\alpha_1 \pm P_n(x)}{\beta}$，则

$$\lim_{x \to x_0} \frac{\alpha_1 \pm \alpha_2 - [\alpha_1 \pm P_n(x)]}{\beta} = \lim_{x \to x_0} \frac{\pm[\alpha_2 - P_n(x)]}{\beta} = 0,$$

故 $\alpha_2 - P_n(x) = o(\beta)$，即 $o((x-x_0)^n) = o(\beta)$，又 β 与 $(x-x_0)^k$ 是同阶无穷小 $(x \to x_0)$，所以 $n \geqslant k$.

推论 1.3.1 设 α_1 及 $\beta_1 \pm \beta_2$ 是 $x \to x_0$ 时的无穷小，$\beta_2 = P_n(x) + o((x-x_0)^n)$，如果 $\lim\limits_{x \to x_0} \dfrac{\alpha}{(x-x_0)^k} = c \neq 0$ （c 是常数，k 是正整数），$\lim\limits_{x \to x_0} \dfrac{\alpha}{\beta_1 \pm P_n(x)}$ 存在且不等于零，则 $\lim\limits_{x \to x_0} \dfrac{\alpha}{\beta_1 \pm \beta_2} = \lim\limits_{x \to x_0} \dfrac{\alpha}{\beta_1 \pm P_n(x)}$ 的充要条件是 $n \geqslant k$.

证 由定理 1.3.1 知 $\lim\limits_{x \to x_0} \dfrac{\beta_1 \pm \beta_2}{\alpha} = \lim\limits_{x \to x_0} \dfrac{\beta_1 \pm P_n(x)}{\alpha}$ 的充要条件是 $n \geqslant k$，也就是 $\dfrac{1}{\lim\limits_{x \to x_0} \dfrac{\beta_1 \pm \beta_2}{\alpha}} = \dfrac{1}{\lim\limits_{x \to x_0} \dfrac{\beta_1 \pm P_n(x)}{\alpha}}$ 的充要条件，即 $\lim\limits_{x \to x_0} \dfrac{\alpha}{\beta_1 \pm \beta_2} = \lim\limits_{x \to x_0} \dfrac{\alpha}{\beta_1 \pm P_n(x)}$ 的充要条件.

定理 1.3.2 设 $\alpha_1, \alpha_2, \beta$ 均为 $x \to x_0$ 时的无穷小，$\alpha_2 = P_n(x) + o((x-x_0)^n)$，$\lim\limits_{x \to x_0} \dfrac{\alpha_1 P_n(x)}{\beta}$ 存在，如果 $\lim\limits_{x \to x_0} \dfrac{\beta}{(x-x_0)^k} = c \neq 0$ （c 是常数，k 是正整数），则 $\lim\limits_{x \to x_0} \dfrac{\alpha_1 \alpha_2}{\beta} = \lim\limits_{x \to x_0} \dfrac{\alpha_1 P_n(x)}{\beta}$ 的充分条件是 $n \geqslant k-1$.

证 因 $\lim\limits_{x \to x_0} \dfrac{\beta}{(x-x_0)^k} = c \neq 0$，故 β 与 $(x-x_0)^k$ 是同阶无穷小，当 $n \geqslant k-1$

时, $o((x-x_0)^n)=O(\beta)(x \to x_0)$,即有界. 又 $\alpha_2=P_n(x)+o((x-x_0)^n)$,所以

$$\lim_{x \to x_0} \frac{\alpha_1 \alpha_2}{\beta} = \lim_{x \to x_0} \frac{\alpha_1 [P_n(x)+o((x-x_0)^n)]}{\beta}$$

$$= \lim_{x \to x_0} \frac{\alpha_1 P_n(x)}{\beta} + \lim_{x \to x_0} \frac{o((x-x_0)^n)\alpha_1}{\beta},$$

又 α_1 是无穷小,所以 $\lim\limits_{x \to x_0} \dfrac{o((x-x_0)^n)\alpha_1}{\beta}=0$,即 $\lim\limits_{x \to x_0} \dfrac{\alpha_1 \alpha_2}{\beta}=\lim\limits_{x \to x_0} \dfrac{\alpha_1 P_n(x)}{\beta}$.

推论 1.3.2 α, β_1, β_2 均为 $x \to x_0$ 时的无穷小, $\beta_2=P_n(x)+o((x-x_0)^n)$,

如果 $\lim\limits_{x \to x_0} \dfrac{\alpha}{(x-x_0)^k}=c \neq 0$ （ c 是常数, k 是正整数）, $\lim\limits_{x \to x_0} \dfrac{\alpha}{\beta_1 P_n(x)}$ 存在且不等于

零,则 $\lim\limits_{x \to x_0} \dfrac{\alpha}{\beta_1 \beta_2}=\lim\limits_{x \to x_0} \dfrac{\alpha}{\beta_1 P_n(x)}$ 的充分条件是 $n \geqslant k-1$.

证   由定理 1.3.2 知, $\lim\limits_{x \to x_0} \dfrac{\beta_1 \beta_2}{\alpha}=\lim\limits_{x \to x_0} \dfrac{\beta_1 P_n(x)}{\alpha}$ 的充分条件是 $n \geqslant k-1$,也就

是 $\dfrac{1}{\lim\limits_{x \to x_0} \dfrac{\beta_1 \beta_2}{\alpha}}=\dfrac{1}{\lim\limits_{x \to x_0} \dfrac{\beta_1 P_n(x)}{\alpha}}$ 的充分条件,即 $\lim\limits_{x \to x_0} \dfrac{\alpha}{\beta_1 \beta_2}=\lim\limits_{x \to x_0} \dfrac{\alpha}{\beta_1 P_n(x)}$ 的充分条件.

注 k 为非整正数时,定理 1.3.1 的结论为 $n \geqslant [k+1]$;定理 1.3.2 的结论

为 $n \geqslant [k]$.

1.3.2   应用举例

例 1   求 $\lim\limits_{x \to 1} \dfrac{\dfrac{1}{6}(x-1)^3-x+1+\sin(x-1)}{\tan^5(x-1)}$.

解   这里 $x_0=1, \alpha_1=\dfrac{1}{6}(x-1)^3-x+1, \alpha_2=\sin(x-1), \beta=\tan^5(x-1)$,因为

$\lim\limits_{x \to 1} \dfrac{\tan^5(x-1)}{(x-1)^5}=1 \neq 0$,即 $k=5$. 故由定理 1.3.1 知 $\sin(x-1)$ 的带 Peano 余项的

Taylor 公式只要取到含 $(x-1)^5$ 项即可. 所以取

$$\sin(x-1)=(x-1)-\frac{1}{3!}(x-1)^3+\frac{1}{5!}(x-1)^5+o((x-1)^5),$$

即 $P_n(x)=(x-1)-\dfrac{1}{3!}(x-1)^3+\dfrac{1}{5!}(x-1)^5$. 因此,

$$\lim_{x \to 1} \frac{\dfrac{1}{6}(x-1)^3 - x + 1 + \sin(x-1)}{\tan^5(x-1)}$$

$$= \lim_{x \to 1} \frac{P_n(x) + \dfrac{1}{6}(x-1)^3 - x + 1}{\tan^5(x-1)}$$

$$= \lim_{x \to 1} \frac{x - 1 - \dfrac{1}{3!}(x-1)^3 + \dfrac{1}{5!}(x-1)^5 + \dfrac{1}{6}(x-1)^3 - x + 1}{(x-1)^5}$$

$$= \lim_{x \to 1} \frac{\dfrac{1}{5!}(x-1)^5}{(x-1)^5} = \frac{1}{5!} = \frac{1}{120}.$$

例 2　求 $\lim\limits_{x \to 0} \dfrac{\sin^4 x}{\cos x - e^{-\frac{x^2}{2}}}$.

解　这里 $x_0 = 0, \alpha = \sin^4 x, \beta_1 = \cos x, \beta_2 = e^{-\frac{x^2}{2}}$，而 $\lim\limits_{x \to 0} \dfrac{\sin^4 x}{x^4} = 1 \neq 0$，即 $k = 4$，故由推论 1.3.1 知 $\cos x, e^{-\frac{x^2}{2}}$ 的 Taylor 公式取到含 x^4 项即可. 所以

$$\lim_{x \to 0} \frac{\sin^4 x}{\cos x - e^{-\frac{x^2}{2}}} = \lim_{x \to 0} \frac{\sin^4 x}{\left(1 - \dfrac{1}{2!}x^2 + \dfrac{x^4}{4!}\right) - \left(1 - \dfrac{x^2}{2!} + \dfrac{x^4}{2!4}\right)}$$

$$= \lim_{x \to 0} \frac{\sin^4 x}{\left(\dfrac{1}{4!} - \dfrac{1}{2!4}\right)x^4}$$

$$= \lim_{x \to 0} \frac{1}{\left(-\dfrac{1}{12}\right)} \left(\frac{\sin x}{x}\right)^4 = -12.$$

例 3　求 $\lim\limits_{x \to 1} \dfrac{(e^{x-1} - x)\ln x}{\sin^3(x-1)}$.

解　这里 $x_0 = 1, \alpha_1 = \ln x, \alpha_2 = e^{x-1} - x, \beta = \sin^3(x-1)$，由于 $\lim\limits_{x \to 1} \dfrac{\sin^3(x-1)}{(x-1)^3} = 1 \neq 0$，即 $k = 3$. 故由定理 1.3.2 知 e^{x-1} 的 Taylor 公式取到含 $(x-1)^{3-1} = (x-1)^2$ 项即可. 取 $P_n(x) = 1 + \dfrac{1}{1!}(x-1) + \dfrac{1}{2!}(x-1)^2$，所以，

$$\lim_{x \to 1} \frac{(e^{x-1}-x)\ln x}{\sin^3(x-1)} = \lim_{x \to 1} \frac{[1+(x-1)+\frac{1}{2!}(x-1)^2-x]\ln x}{\sin^3(x-1)}$$

$$= \lim_{x \to 1} \frac{\frac{1}{2!}(x-1)^2 \ln x}{\sin^3(x-1)}$$

$$= \frac{1}{2} \lim_{x \to 1} \frac{\ln x}{(x-1)} \left[\frac{(x-1)}{\sin(x-1)}\right]^3 = \frac{1}{2}.$$

例 4 求 $\lim\limits_{x \to 0} \dfrac{\sin^3 x}{(\cos x-1)\ln(1+x)}$.

解 这里 $x_0=0$，$\alpha=\sin^3 x$，$\beta_1=\ln(1+x)$，$\beta_2=\cos x-1$，由于 $\lim\limits_{x \to 0} \dfrac{\sin^3 x}{x^3}=1 \neq$

0，即 $k=3$. 故由推论 1.3.2 知 $\cos x$ 的 Taylor 公式只取到含 $x^{3-1}=x^2$ 项即可.

取 $P_n(x)=1-\dfrac{x^2}{2!}$，所以，

$$\lim_{x \to 0} \frac{\sin^3 x}{(\cos x-1)\ln(1+x)} = \lim_{x \to 0} \frac{\sin^3 x}{\left(1-\frac{x^2}{2!}-1\right)\ln(1+x)}$$

$$= \lim_{x \to 0} \frac{\sin^3 x}{\left(-\frac{x^2}{2!}\right)\ln(1+x)}$$

$$= -2 \lim_{x \to 0} \left[\left(\frac{\sin x}{x}\right)^3 \frac{x}{\ln(1+x)}\right]$$

$$= -2.$$

1.4　形如 $\lim\limits_{n \to \infty} \sqrt[n]{\varphi(n)}$ 及 $\lim\limits_{x \to +\infty} \sqrt[x]{\varphi(x)}$ 的极限求法

1.4.1　Cauchy 判别法和 D'Alembert 判别法及有关的结论

幂级数是高等数学（或数学分析）中的重要内容之一，在这部分内容中经常要求幂级数的收敛半径或收敛域，一般都用达朗贝尔（D'Alembert）判别法，亦

可用柯西(Cauchy)判别法求得,其两个定理如下:

定理(Cauchy 判别法)　设幂级数 $\sum\limits_{n=0}^{\infty} a_n x^n$,令 $\lim\limits_{n\to\infty} \sqrt[n]{|a_n|} = A$,则幂级数

$\sum\limits_{n=0}^{\infty} a_n x^n$ 的收敛半径

$$R = \begin{cases} +\infty, & \text{当 } A=0 \\ \dfrac{1}{A}, & \text{当 } A \in (0, +\infty) \\ 0, & \text{当 } A=+\infty \end{cases}.$$

定理(D'Alembert 判别法)　如果对幂级数 $\sum\limits_{n=0}^{\infty} a_n x^n$ 成立 $\lim\limits_{n\to\infty} \left| \dfrac{a_{n+1}}{a_n} \right| = A$,则

此幂级数 $\sum\limits_{n=0}^{\infty} a_n x^n$ 的收敛半径 $R = \dfrac{1}{A}$.

由于两个定理都可求幂级数的收敛半径,所以,我们可以从中得到有用的结论,因此,下面给出定理.

定理 1.4.1　如果 $\varphi(n) > 0$ 且 $\lim\limits_{n\to\infty} \dfrac{\varphi(n+1)}{\varphi(n)}$ 存在,则 $\lim\limits_{n\to\infty} \sqrt[n]{\varphi(n)} = \lim\limits_{n\to\infty} \dfrac{\varphi(n+1)}{\varphi(n)}$ (n 为自然数).

证　令 $\varphi(n) = |a_n|$,则 $\varphi(n+1) = |a_{n+1}|$,因此,以 $a_n (n=0,1,2,\cdots)$ 为

系数可得到幂级数 $\sum\limits_{n=0}^{\infty} a_n x^n$,又 $\lim\limits_{n\to\infty} \dfrac{\varphi(n+1)}{\varphi(n)}$ 存在,即 $\lim\limits_{n\to\infty} \left| \dfrac{a_{n+1}}{a_n} \right|$ 存在,故由

D'Alembert 判别法知:幂级数 $\sum\limits_{n=0}^{\infty} a_n x^n$ 的收敛半径为 $R = \dfrac{1}{\lim\limits_{n\to\infty} \left| \dfrac{a_{n+1}}{a_n} \right|} = $

$\dfrac{1}{\lim\limits_{n\to\infty} \dfrac{\varphi(n+1)}{\varphi(n)}}$. 因 $\lim\limits_{n\to\infty} \dfrac{\varphi(n+1)}{\varphi(n)}$ 存在,则由参考文献[1]中的引理 9.3.1 知

$\lim\limits_{n\to\infty} \sqrt[n]{\varphi(n)}$ 一定存在,即 $\lim\limits_{n\to\infty} \sqrt[n]{|a_n|}$ 存在. 所以 由 Cauchy 判别法得:幂级数

$\sum\limits_{n=0}^{\infty} a_n x^n$ 的收敛半径 $R = \dfrac{1}{\lim\limits_{n\to\infty} \sqrt[n]{|a_n|}} = \dfrac{1}{\lim\limits_{n\to\infty} \sqrt[n]{\varphi(n)}}$. 如果 $\lim\limits_{n\to\infty} \dfrac{\varphi(n+1)}{\varphi(n)} \neq 0$,则 R

是一确定的常数，所以，$\dfrac{1}{\lim\limits_{n\to\infty}\sqrt[n]{\varphi(n)}}=\dfrac{1}{\lim\limits_{n\to\infty}\dfrac{\varphi(n+1)}{\varphi(n)}}$，故 $\lim\limits_{n\to\infty}\sqrt[n]{\varphi(n)}=$

$\lim\limits_{n\to\infty}\dfrac{\varphi(n+1)}{\varphi(n)}$.

如果 $\lim\limits_{n\to\infty}\dfrac{\varphi(n+1)}{\varphi(n)}=0$，则 $R=+\infty$，所以 $\dfrac{1}{\lim\limits_{n\to\infty}\sqrt[n]{\varphi(n)}}=+\infty$，故此，

$\lim\limits_{n\to\infty}\sqrt[n]{\varphi(n)}=0$，因此，

$$\lim\limits_{n\to\infty}\sqrt[n]{\varphi(n)}=\lim\limits_{n\to\infty}\dfrac{\varphi(n+1)}{\varphi(n)}.$$

定理 1.4.2 设 $\varphi(x)$ 当 $|x|$ 大于某一正数时有定义，$\varphi(x)>0$ 且 $\lim\limits_{x\to+\infty}\sqrt[x]{\varphi(x)}$

和 $\lim\limits_{x\to+\infty}\dfrac{\varphi(x+1)}{\varphi(x)}$ 均存在，则 $\lim\limits_{x\to+\infty}\sqrt[x]{\varphi(x)}=\lim\limits_{x\to+\infty}\dfrac{\varphi(x+1)}{\varphi(x)}$.

证 设 $n=[x]$，则 $n\leqslant x\leqslant n+1$，又 $\lim\limits_{x\to+\infty}\dfrac{\varphi(x+1)}{\varphi(x)}$ 存在，故可设 $\lim\limits_{x\to+\infty}\dfrac{\varphi(x+1)}{\varphi(x)}=$

A，则 $\forall\varepsilon>0,\exists X>0$，当 $x>X$ 时，恒有 $\left|\dfrac{\varphi(x+1)}{\varphi(x)}-A\right|<\varepsilon$ 成立. 因 $x>X$，故

$n>[X]$ 时，亦有 $\left|\dfrac{\varphi(n+1)}{\varphi(n)}-A\right|<\varepsilon$ 成立，所以，$\lim\limits_{n\to\infty}\dfrac{\varphi(n+1)}{\varphi(n)}=A$，因此，

$\lim\limits_{x\to+\infty}\dfrac{\varphi(x+1)}{\varphi(x)}=\lim\limits_{n\to\infty}\dfrac{\varphi(n+1)}{\varphi(n)}=A$.

又同理可证：$\lim\limits_{x\to+\infty}\sqrt[x]{\varphi(x)}=\lim\limits_{n\to\infty}\sqrt[n]{\varphi(n)}$.

由定理 1 知：$\lim\limits_{n\to\infty}\sqrt[n]{\varphi(n)}=\lim\limits_{n\to\infty}\dfrac{\varphi(n+1)}{\varphi(n)}$，故 $\lim\limits_{x\to+\infty}\sqrt[x]{\varphi(x)}=\lim\limits_{x\to+\infty}\dfrac{\varphi(x+1)}{\varphi(x)}$.

1.4.2　应用举例

例 1 求 $\lim\limits_{n\to\infty}\sqrt[n]{\dfrac{(n!)^2}{(2n)!}}$.

解 这里 $\varphi(n)=\dfrac{(n!)^2}{(2n)!}$，则 $\varphi(n+1)=\dfrac{\left[(n+1)!\right]^2}{\left[2(n+1)\right]!}$，故由定理 1.4.1 得

$$\lim_{n\to\infty}\sqrt[n]{\frac{(n!)^2}{(2n)!}}=\lim_{n\to\infty}\frac{\varphi(n+1)}{\varphi(n)}=\lim_{n\to\infty}\frac{\dfrac{[(n+1)!]^2}{[2(n+1)]!}}{\dfrac{(n!)^2}{(2n)!}}$$

$$=\lim_{n\to\infty}\left(\frac{[(n+1)!]^2}{[2(n+1)]!}\cdot\frac{(2n)!}{(n!)^2}\right)$$

$$=\lim_{n\to\infty}\frac{(n+1)(n+1)}{(2n+1)(2n+2)}$$

$$=\lim_{n\to\infty}\frac{\left(1+\dfrac{1}{n}\right)\left(1+\dfrac{1}{n}\right)}{\left(2+\dfrac{1}{n}\right)\left(2+\dfrac{2}{n}\right)}=\frac{1}{4}.$$

故 $\lim_{n\to\infty}\sqrt[n]{\dfrac{(n!)^2}{(2n)!}}=\dfrac{1}{4}$.

例 2　设 $a_n=\dfrac{1\cdot3\cdot5\cdot\cdots\cdot(2n-1)}{2\cdot4\cdot6\cdot\cdots\cdot(2n)}$，求 $\lim_{n\to\infty}\sqrt[n]{a_n}$.

解　这里 $\varphi(n)=\dfrac{1\cdot3\cdot5\cdot\cdots\cdot(2n-1)}{2\cdot4\cdot6\cdot\cdots\cdot(2n)}$，则 $\varphi(n+1)=$ $\dfrac{1\cdot3\cdot5\cdot\cdots\cdot(2n+1)}{2\cdot4\cdot6\cdot\cdots\cdot(2n+2)}$，故此，由定理 1.4.1 得

$$\lim_{n\to\infty}\sqrt[n]{a_n}=\lim_{n\to\infty}\frac{\varphi(n+1)}{\varphi(n)}$$

$$=\lim_{n\to\infty}\left[\frac{1\cdot3\cdot5\cdot\cdots\cdot(2n+1)}{2\cdot4\cdot6\cdot\cdots\cdot(2n+2)}\cdot\frac{2\cdot4\cdot6\cdot\cdots\cdot(2n)}{1\cdot3\cdot5\cdot\cdots\cdot(2n-1)}\right]$$

$$=\lim_{n\to\infty}\frac{2n+1}{2n+2}=1.$$

所以，$\lim_{n\to\infty}\sqrt[n]{a_n}=1$.

例 3　求 $\lim_{n\to\infty}\dfrac{\sqrt[n]{n!}}{n}$.

解　因 $\lim_{n\to\infty}\dfrac{\sqrt[n]{n!}}{n}=\lim_{n\to\infty}\sqrt[n]{\dfrac{n!}{n^n}}$，所以，$\varphi(n)=\dfrac{n!}{n^n}$，$\varphi(n+1)=\dfrac{(n+1)!}{(n+1)^{n+1}}$，故此，由定理 1.4.1 得

$$\lim_{n\to\infty}\frac{\sqrt[n]{n!}}{n}=\lim_{n\to\infty}\frac{\varphi(n+1)}{\varphi(n)}=\lim_{n\to\infty}\left[\frac{(n+1)!}{(n+1)^{n+1}}\cdot\frac{n^n}{n!}\right]$$

$$=\lim_{n\to\infty}\left(\frac{n}{n+1}\right)^n=\lim_{n\to\infty}\left(1-\frac{1}{n+1}\right)^n$$

$$=\lim_{n\to\infty}\frac{\left(1-\dfrac{1}{n+1}\right)^{n+1}}{\left(1-\dfrac{1}{n+1}\right)}=\frac{1}{e}.$$

例 4　设 $x_n=\dfrac{\sqrt[n]{(n+1)(n+2)(n+3)\cdots(n+n)}}{n}$，求 $\lim\limits_{n\to\infty}x_n$.

解　因 $\lim\limits_{n\to\infty}x_n=\lim\limits_{n\to\infty}\sqrt[n]{\dfrac{(n+1)(n+2)(n+3)\cdots(n+n)}{n^n}}$，故

$$\varphi(n)=\frac{(n+1)(n+2)(n+3)\cdots(n+n)}{n^n},$$

$$\varphi(n+1)=\frac{(n+2)(n+3)(n+4)\cdots(2n+2)}{(n+1)^{n+1}},$$

故此，由定理 1.4.1 得

$$\lim_{n\to\infty}x_n=\lim_{n\to\infty}\frac{\varphi(n+1)}{\varphi(n)}$$

$$=\lim_{n\to\infty}\left[\frac{(n+2)(n+3)(n+4)\cdots(2n+2)}{(n+1)^{n+1}}\cdot\frac{n^n}{(n+1)(n+2)(n+3)\cdots(n+n)}\right]$$

$$=\lim_{n\to\infty}\left[\frac{2(2n+1)}{n}\cdot\left(1-\frac{1}{n+1}\right)^{n+1}\right]$$

$$=\lim_{n\to\infty}\left[\frac{2\left(2+\dfrac{1}{n}\right)}{1}\cdot\left(1-\frac{1}{n+1}\right)^{n+1}\right]$$

$$=4\lim_{n\to\infty}\left(1-\frac{1}{n+1}\right)^{n+1}=\frac{4}{e}.$$

所以，$\lim\limits_{n\to\infty}x_n=\dfrac{4}{e}$.

例 5　求 $\lim\limits_{x\to+\infty}\sqrt[x]{\dfrac{x(x-1)}{2^x}}$.

解　这里 $\varphi(x)=\dfrac{x(x-1)}{2^x}$，则 $\varphi(x+1)=\dfrac{(x+1)x}{2^{x+1}}$，故此，由定理 1.4.2 得

$$\lim_{x \to +\infty} \sqrt[x]{\frac{x(x-1)}{2^x}} = \lim_{x \to +\infty} \frac{\varphi(x+1)}{\varphi(x)}$$

$$= \lim_{x \to +\infty} \left[\frac{(x+1)x}{2^{x+1}} \cdot \frac{2^x}{x(x-1)} \right]$$

$$= \lim_{x \to +\infty} \frac{x+1}{2(x-1)}$$

$$= \lim_{x \to +\infty} \frac{1+\dfrac{1}{x}}{2\left(1-\dfrac{1}{x}\right)} = \frac{1}{2}.$$

例 6 求 $\displaystyle\lim_{x \to +\infty} \sqrt[x]{\frac{3^x+(-2)^x}{x}}$.

解 这里 $\varphi(x)=\dfrac{3^x+(-2)^x}{x}$,则 $\varphi(x+1)=\dfrac{3^{x+1}+(-2)^{x+1}}{x+1}$,故此,由定理 1.4.2 得

$$\lim_{x \to +\infty} \sqrt[x]{\frac{3^x+(-2)^x}{x}} = \lim_{x \to +\infty} \frac{\varphi(x+1)}{\varphi(x)}$$

$$= \lim_{x \to +\infty} \left(\frac{3^{x+1}+(-2)^{x+1}}{x+1} \cdot \frac{x}{3^x+(-2)^x} \right)$$

$$= \lim_{x \to +\infty} \left[\frac{x}{x+1} \cdot \frac{1+\left(-\dfrac{2}{3}\right)^{x+1}}{\dfrac{1}{3}\left[1+\left(-\dfrac{2}{3}\right)^x\right]} \right] = 3.$$

所以, $\displaystyle\lim_{x \to +\infty} \sqrt[x]{\frac{3^x+(-2)^x}{x}} = 3.$

1.5 用球面坐标求多元函数极限

1.5.1 定理(证明)及推论

多元函数的极限在高等数学中是非常重要的内容之一,但由于多元函数的

自变量多,因此,对于判断其极限存在与否及其求法,比起一元函数的极限就显得比较困难,故此,我们可运用球面坐标把多元函数极限转化为一元函数极限来求,就此作一初步探讨.

定理 1.5.1 设 $f(x,y,z)$ 在点 $(0,0,0)$ 的某去心邻域内有定义,则

$$\lim_{\substack{x \to 0 \\ y \to 0 \\ z \to 0}} f(x,y,z) = A$$

的充要条件是:恒有 $\lim\limits_{r \to 0} f(r\cos\theta\sin\varphi, r\sin\theta\sin\varphi, r\cos\varphi) = A$ 为与 θ, φ^* 取值无关的一确定常数.

证 (必要性) 若

$$\lim_{\substack{x \to 0 \\ y \to 0 \\ z \to 0}} f(x,y,z) = A,$$

则对于任意给定的 $\varepsilon > 0$,一定存在 $\delta > 0$,当 $0 < \sqrt{(x-0)^2 + (y-0)^2 + (z-0)^2} < \delta$ 时,就有 $|f(x,y,z) - A| < \varepsilon$ 恒成立. 直角坐标与球面坐标关系是

$$\begin{cases} x = r\cos\theta\sin\varphi \\ y = r\sin\theta\sin\varphi \\ z = r\cos\varphi \end{cases}, \quad 0 \leqslant r < +\infty, \ 0 \leqslant \theta \leqslant 2\pi, \ 0 \leqslant \varphi \leqslant \pi.$$

当 $0 < \sqrt{x^2 + y^2 + z^2} < \delta$,不论 θ, φ 取何值,都有 $0 < r < \delta$,所以 $|f(r\cos\theta\sin\varphi, r\sin\theta\sin\varphi, r\cos\varphi) - A| = |f(x,y,z) - A| < \varepsilon$,故 $\lim\limits_{r \to 0} f(r\cos\theta\sin\varphi, r\sin\theta\sin\varphi, r\cos\varphi) = A$.

(充分性)如果不论 θ, φ 取何值,恒有 $\lim\limits_{r \to 0} f(r\cos\theta\sin\varphi, r\sin\theta\sin\varphi, r\cos\varphi) = A$,则对于任意给定的 $\varepsilon > 0$,一定存在 $\delta > 0$,当 $0 < r < \delta$ 时,恒有 $|f(r\cos\theta\sin\varphi, r\sin\theta\sin\varphi, r\cos\varphi) - A| < \varepsilon$ 成立. 只要 $0 < r < \delta$,就有 $0 < \sqrt{x^2 + y^2 + z^2} = r < \delta$,故 $|f(x,y,z) - A| = |f(r\cos\theta\sin\varphi, r\sin\theta\sin\varphi, r\cos\varphi) - A| < \varepsilon$ 恒成立,所以

$$\lim_{\substack{x \to 0 \\ y \to 0 \\ z \to 0}} f(x,y,z) = A.$$

当 $\varphi \equiv \dfrac{\pi}{2}$ 时,则有 $z \equiv 0$. 就得到:

---

* 当 r 沿曲线趋向 0 时,θ, φ 也是变化的.

推论 1.5.1　设 $f(x,y)$ 在点 $(0,0)$ 的某去心邻域内有定义,则 $\lim\limits_{\substack{x\to 0\\y\to 0}}f(x,y)=A$

的充要条件是:恒有 $\lim\limits_{r\to 0}f(r\cos\theta,\ r\sin\theta)=A$ 为与 θ 取值无关的一确定常数.

定理 1.5.2　设 $f(x,y,z)$ 在点 (x_0,y_0,z_0) 的某去心邻域内有定义,则

$$\lim_{\substack{x\to x_0\\y\to y_0\\z\to z_0}}f(x,y,z)=A$$

的充要条件是:恒有 $\lim\limits_{r\to 0}f(r\cos\theta\sin\varphi+x_0,r\sin\theta\sin\varphi+y_0,\ r\cos\varphi+z_0)=A$ 为

与 θ,φ 取值无关的一确定常数.

证　作变换

$$\begin{cases}x=x'+x_0\\y=y'+y_0\\z=z'+z_0\end{cases},$$

故当 $x\to x_0,y\to y_0,\ z\to z_0$ 时, $x'\to 0,\ y'\to 0,z'\to 0$. 所以

$$\lim_{\substack{x\to x_0\\y\to y_0\\z\to z_0}}f(x,y,z)=\lim_{\substack{x'\to 0\\y'\to 0\\z'\to 0}}(x'+x_0,y'+y_0,z'+z_0).$$

由定理 1.5.1 知 $\lim\limits_{\substack{x'\to 0\\y'\to 0\\z'\to 0}}f(x'+x_0,y'+y_0,z'+z_0)=A$ 的充要条件是:恒有

$\lim\limits_{r\to 0}f(r\cos\theta\sin\varphi+x_0,r\sin\theta\sin\varphi+y_0,r\cos\varphi+z_0)=A$ 为与 θ,φ 取值无关的一

确定常数. 即为 $\lim\limits_{\substack{x\to x_0\\y\to y_0\\z\to z_0}}f(x,y,z)=A$ 的充要条件. 当 $z\equiv 0$ 时,就得到:

推论 1.5.2　设 $f(x,y)$ 在点 (x_0,y_0) 的某去心邻域内有定义,则 $\lim\limits_{\substack{x\to x_0\\y\to y_0}}f(x,$

$y)=A$ 的充要条件是:恒有 $\lim\limits_{r\to 0}f(r\cos\theta+x_0,r\sin\theta+y_0)=A$ 为与 θ 取值无关的

一确定常数.

1.5.2　应用举例

例 1　求 $\lim\limits_{\substack{x\to 3\\y\to 2}}\dfrac{(x-3)^2(y-2)^2}{(x-3)^2+(y-2)^2}$.

解 这里 $x_0 = 3$，$y_0 = 2$，因

$$\lim_{r \to 0} f(r\cos\theta + 3, r\sin\theta + 2) = \lim_{r \to 0} \frac{(r\cos\theta + 3 - 3)^2(r\sin\theta + 2 - 2)^2}{(r\cos\theta + 3 - 3)^2 + (r\sin\theta + 2 - 2)^2}$$

$$= \lim_{r \to 0} \frac{r^4\cos^2\theta\sin^2\theta}{r^2} = \lim_{r \to 0}(r\cos\theta\sin\theta)^2 = 0,$$

故由推论 1.5.2 知

$$\lim_{\substack{x \to 3 \\ y \to 2}} \frac{(x-3)^2(y-2)^2}{(x-3)^2 + (y-2)^2} = 0.$$

例 2 求 $\displaystyle\lim_{\substack{x \to 2 \\ y \to 1}} \frac{(x-2)(y-1)}{(x-2)^2 + (y-1)^2}$．

解 因

$$\lim_{r \to 0} f(r\cos\theta + 2, r\sin\theta + 1) = \lim_{r \to 0} \frac{(r\cos\theta + 2 - 2)(r\sin\theta + 1 - 1)}{(r\cos\theta + 2 - 2)^2 + (r\sin\theta + 1 - 1)^2}$$

$$= \lim_{r \to 0} \frac{r^2\cos\theta\sin\theta}{r^2} = \cos\theta\sin\theta,$$

而 $\cos\theta\sin\theta$ 随 θ 的变化而变化，所以，不是一确定常数，故由推论 1.5.2 知

$\displaystyle\lim_{\substack{x \to 2 \\ y \to 1}} \frac{(x-2)(y-1)}{(x-2)^2 + (y-1)^2}$ 不存在．

例 3 求 $\displaystyle\lim_{\substack{x \to 0 \\ y \to 0}} \frac{x^4 - y^2}{x^4 + y^2}$．

解 $$\lim_{r \to 0} f(r\cos\theta, r\sin\theta) = \lim_{r \to 0} \frac{(r\cos\theta)^4 - (r\sin\theta)^2}{(r\cos\theta)^4 + (r\sin\theta)^2}$$

$$= \lim_{r \to 0} \frac{r^2\cos^4\theta - \sin^2\theta}{r^2\cos^4\theta + \sin^2\theta}$$

$$= \begin{cases} 1, & \theta = 0, \pi, 2\pi \text{ 时} \\ -1, & \theta \neq 0, \pi, 2\pi \text{ 时} \end{cases},$$

故由推论 1.5.1 知 $\displaystyle\lim_{\substack{x \to 0 \\ y \to 0}} \frac{x^4 - y^2}{x^4 + y^2}$ 不存在．

例 4 求 $\displaystyle\lim_{\substack{x \to 0 \\ y \to 0}} (x^2 + y^2)^{x^2 y^2}$．

解 因

$$\lim_{r \to 0}(r\cos\theta, r\sin\theta) = \lim_{r \to 0}\left[(r\cos\theta)^2 + (r\sin\theta)^2\right]^{(r\cos\theta)^2(r\sin\theta)^2}$$

$$= \left[\lim_{r \to 0}(r^2)^{r^4}\right]^{(\cos\theta\sin\theta)^2} = 1,$$

故由推论 1.5.1 知 $\lim\limits_{\substack{x \to 0 \\ y \to 0}}(x^2+y^2)^{x^2 y^2}=1$.

例 5 求 $\lim\limits_{\substack{x \to 1 \\ y \to 2 \\ z \to 3}}\dfrac{(x-1)^2(y-2)^2(z-3)^2}{(x-1)^4+(y-2)^4+(z-3)^4}$.

解 由于

$$\lim_{r \to 0}\frac{(r\cos\theta\sin\varphi+1-1)^2(r\sin\theta\sin\varphi+2-2)^2(r\cos\varphi+3-3)^2}{(r\cos\theta\sin\varphi+1-1)^2+(r\sin\theta\sin\varphi+2-2)^2+(r\cos\varphi+3-3)^2}$$

$$=\lim_{r \to 0}\frac{(\cos^2\theta\sin^2\theta\sin^4\varphi\cos^2\varphi)r^6}{\left[(\cos\theta\sin\varphi)^4+(\sin\theta\sin\varphi)^4+(\cos\varphi)^4\right]r^4}$$

$$=\lim_{r \to 0}\frac{r^2\cos^2\theta\sin^2\theta\sin^4\varphi\cos^2\varphi}{(\cos\theta\sin\varphi)^4+(\sin\theta\sin\varphi)^4+(\cos\varphi)^4}=0,$$

故由定理 1.5.2 知 $\lim\limits_{\substack{x \to 1 \\ y \to 2 \\ z \to 3}}\dfrac{(x-1)^2(y-2)^2(z-3)^2}{(x-1)^4+(y-2)^4+(z-3)^4}=0$.

例 6 求 $\lim\limits_{\substack{x \to 0 \\ y \to 0 \\ z \to 0}}\dfrac{x^2 yz}{x^4+y^4+z^4}$.

解

$$\lim_{r \to 0}f(r\cos\theta\sin\varphi,r\sin\theta\sin\varphi,r\cos\varphi)$$

$$=\lim_{r \to 0}\frac{(r\cos\theta\sin\varphi)^2(r\sin\theta\sin\varphi)(r\cos\varphi)}{(r\cos\theta\sin\varphi)^4+(r\sin\theta\sin\varphi)^4+(r\cos\varphi)^4}$$

$$=\frac{\cos^2\theta\sin^2\theta\sin^3\varphi\cos\varphi}{(\cos\theta\sin\varphi)^4+(\sin\theta\sin\varphi)^4+(\cos\varphi)^4}$$

随 θ,φ 的变化而变化,所以,不是一确定常数,故由定理 1.5.1 知 $\lim\limits_{\substack{x \to 0 \\ y \to 0 \\ z \to 0}}\dfrac{x^2 yz}{x^4+y^4+z^4}$

不存在.

例 7 求 $\lim\limits_{\substack{x \to 0 \\ y \to 0 \\ z \to 0}}\dfrac{xyz}{\sqrt{xyz+1}-1}$.

解 因

$$\lim_{r \to 0}f(r\cos\theta\sin\varphi,r\sin\theta\sin\varphi,r\cos\varphi)$$

$$=\lim_{r \to 0}\frac{(r\cos\theta\sin\varphi)(r\sin\theta\sin\varphi)(r\cos\varphi)}{\sqrt{r^3\cos\theta\sin\theta\sin^2\varphi\cos\varphi+1}-1}$$

$$=\lim_{r \to 0}\frac{r^3\cos\theta\sin\theta\sin^2\varphi\cos\varphi(\sqrt{r^3\cos\theta\sin\theta\sin^2\varphi+1}+1)}{r^3\cos\theta\sin\theta\sin^2\varphi\cos\varphi}$$

$$=\lim_{r \to 0}(\sqrt{r^3\cos\theta\sin\theta\sin^2\varphi\cos\varphi+1}+1)=2,$$

所以,由定理 1.5.1 知 $\lim\limits_{\substack{x \to 0 \\ y \to 0 \\ z \to 0}}\dfrac{xyz}{\sqrt{xyz+1}-1}=2$.

第二章　微积分的研究

2.1　Taylor 公式中的 Lagrange 型余项 $R_n(x)$ 的研究

2.1.1　问题的提出

Taylor 中值定理是高等数学(或数学分析)的重要内容之一,也是拉格朗日(Lagrange)中值定理的推广,它可以把一个函数 $f(x)$ 展为

$$f(x)=f(x_0)+\frac{f'(x_0)}{1!}(x-x_0)+\frac{f''(x_0)}{2!}(x-x_0)^2+\cdots+$$

$$\frac{f^{(n)}(x)}{n!}(x-x_0)^n+R_n(x),$$

当 $x_0=0$ 时, $f(x)=f(0)+\dfrac{f'(0)}{1!}x+\dfrac{f''(0)}{2!}x^2+\cdots+\dfrac{f^{(n)}(0)}{n!}x^n+R_n(x).$

根据精确程度要求来计算函数在 x_0 (或 $x=0$)附近的函数值,误差不超过

$|R_n(x)|$,其中 $R_n(x)=\dfrac{f^{(n+1)}(\xi)}{(n+1)!}(x-x_0)^{n+1}$ 或 $R_n(x)=\dfrac{f^{(n+1)}(\theta x)}{(n+1)!}x^{n+1}$　$(0<\theta<1).$

但高等数学(数学分析)教材中通常都是把 $\sin x$、$\cos x$ 分别展成

$$\sin x=x-\frac{x^3}{3!}+\frac{x^5}{5!}+\cdots+(-1)^{2k-1}\frac{x^{2k-1}}{(2k-1)!}+R_{2k}(x)$$

和

$$\cos x = 1 - \frac{x^2}{2!} + \frac{x^4}{4!} + \cdots + (-1)^k \frac{x^{2k}}{(2k)!} + R_{2k+1}(x),$$

其中 $R_{2k}(x) = \dfrac{\sin[\theta x + (2k+1)\dfrac{\pi}{2}]}{(2k+1)!} x^{2k+1}$，$R_{2k+1}(x) = \dfrac{\cos[\theta x + (k+1)\pi]}{(2k+2)!}$ x^{2k+2} $(0 < \theta < 1)$.

那么，就提出这样一个问题：对于缺项的 Taylor 公式，其余项 $R_n(x)$ 是用

$$R_n(x) = \frac{f^{(n+2)}(\xi)}{(n+2)!} (x - x_0)^{n+2}$$

或

$$R_n(x) = \frac{f^{(n+2)}(\theta x)}{(n+2)!} x^{n+2} \quad (0 < \theta < 1)$$

表示的，能否用

$$R_n(x) = \frac{f^{(n+1)}(\xi)}{(n+1)!} (x - x_0)^{n+1}$$

或

$$R_n(x) = \frac{f^{(n+1)}(\theta x)}{(n+1)!} x^{n+1} \quad (0 < \theta < 1)$$

来表示呢？下面就这个问题进行探讨.

2.1.2　基本定理(证明)及推论

上面的问题可归结为：是否存在 ξ_0（或 θ_0）使 $\dfrac{f^{(n+1)}(\xi_0)}{(n+1)!}(x - x_0)^{n+1} = \dfrac{f^{(n+2)}(\xi)}{(n+2)!}(x - x_0)^{n+2}$ 或 $\dfrac{f^{(n+1)}(\theta_0 x)}{(n+1)!} x^{n+1} = \dfrac{f^{(n+2)}(\theta x)}{(n+2)!} x^{n+2}$，于是给出如下定理.

定理 2.1.1　设 $f(x)$ 在含 x_0 的某区间内有直到 $(n+2)$ 阶导数，若 $f^{(n+1)}(x_0) = 0$，则一定存在 ξ_0 和 ξ 使 $f(x)$ 的 Taylor 公式的余项

$$R_n(x) = \frac{f^{(n+1)}(\xi_0)}{(n+1)!}(x - x_0)^{n+1} = \frac{f^{(n+2)}(\xi)}{(n+2)!}(x - x_0)^{n+2}$$

成立.

证明　因 $R_n(x) = \dfrac{f^{(n+2)}(\xi)}{(n+2)!}(x - x_0)(x - x_0)^{n+1}$. 　　　　　(2-1)

23

将 $f^{(n+1)}(x)$ 在以 x, x_0 为端点的区间上应用 Lagrange 中值定理便得

$$f^{(n+1)}(x) - f^{(n+1)}(x_0) = f^{(n+2)}(\xi)(x - x_0),$$

而 $f^{(n+1)}(x_0) = 0$，所以，$f^{(n+1)}(x) = f^{(n+2)}(\xi)(x - x_0)$，取 $\xi_0 = \dfrac{x - x_0}{n + 2} + x_0$，故此，

有 $f^{(n+1)}(\xi_0) = \dfrac{f^{(n+2)}(\xi)}{n + 2}(x - x_0)$. 　　　　　　　　　　　　　　　(2-2)

将式(2-2)代入式(2-1)得 $R_n(x) = \dfrac{f^{(n+1)}(\xi_0)}{(n+1)!}(x - x_0)^{n+1}$，即

$$R_n(x) = \frac{f^{(n+1)}(\xi_0)}{(n+1)!}(x - x_0)^{n+1} = \frac{f^{(n+2)}(\xi)}{(n+2)!}(x - x_0)^{n+2}.$$

于是当 $x_0 = 0$ 时可得到如下推论：

推论 2.1.1 设 $f(x)$ 在含有 $x = 0$ 的某区间内有直到 $(n+2)$ 阶导数，若 $f^{(n+1)}(0) = 0$，则一定存在 $0 < \theta_0 < 1$ 和 $0 < \theta < 1$ 使 $f(x)$ 的 Maclaurin 公式的余项

$$R_n(x) = \frac{f^{(n+1)}(\theta_0 x)}{(n+1)!} x^{n+1} = \frac{f^{(n+2)}(\theta x)}{(n+2)!} x^{n+2}$$

成立. 所以，$\sin x$、$\cos x$ 亦可分别写成

$$\sin x = x - \frac{x^3}{3!} + \frac{x^5}{5!} + \cdots + (-1)^{2k-1} \frac{x^{2k-1}}{(2k-1)!} + R_{2k-1}(x)$$

和

$$\cos x = 1 - \frac{x^2}{2!} + \frac{x^4}{4!} + \cdots + (-1)^k \frac{x^{2k}}{(2k)!} + R_{2k}(x).$$

其中 $R_{2k-1}(x) = \dfrac{\sin[\theta_0 x + k\pi]}{(2k)!} x^{2k}$，$R_{2k}(x) = \dfrac{\cos\left[\theta_0 x + (2k+1)\dfrac{\pi}{2}\right]}{(2k+1)!} x^{2k+1}$ $(0 < \theta_0 < 1)$.

2.2　无穷小量之比单调性判别法及应用

2.2.1　基本定理及证明

通过研究两个无穷小量之比的函数单调性，得到了一些结论，可应用结论

简便判别两个无穷小量之比的函数单调性和证明不等式,于是就有下面的定理:

定理 2.2.1 设 $\lim\limits_{x\to x_0^+} f(x)=0$, $\lim\limits_{x\to x_0^+} g(x)=0$, f 与 g 在 x_0 的某空心右邻域 $U_+^0(x_0)$ 可导,且 $g'(x)\neq0$,则有

(1) 若 $\dfrac{f'(x)}{g'(x)}$ 于 $U_+^0(x_0)$ 单调增,则 $\dfrac{f(x)}{g(x)}$ 也于 $U_+^0(x_0)$ 单调增,并且 $\dfrac{f(x)}{g(x)}<\dfrac{f'(x)}{g'(x)}$, $x\in U_+^0(x_0)$;

(2) $\dfrac{f'(x)}{g'(x)}=C$ $(x\in U_+^0(x_0))$,则 $\dfrac{f(x)}{g(x)}=C$ $(x\in U_+^0(x_0))$;

(3) 若 $\dfrac{f'(x)}{g'(x)}$ 于 $U_+^0(x_0)$ 单调减,则 $\dfrac{f(x)}{g(x)}$ 也于 $U_+^0(x_0)$ 单调减,并且 $\dfrac{f(x)}{g(x)}>\dfrac{f'(x)}{g'(x)}$, $x\in U_+^0(x_0)$.

证 设 $\varphi(x)=\dfrac{f(x)}{g(x)}$, $x\in U_+^0(x_0)$,则有 $\varphi'(x)=\dfrac{g'(x)}{g(x)}\Big[\dfrac{f'(x)}{g'(x)}-\dfrac{f(x)}{g(x)}\Big]$.

由于 $g'(x)\neq0$,故(根据 Darboux 定理)必有 $g'(x)>0$ 或 $g'(x)<0$,因此相应地即有 $g(x)$ 单调增或者单调减. 又由于 $\lim\limits_{x\to x_0^+} g(x)=0$,故 $g(x)$ 与 $g'(x)$ 具有相同的正负性(同大于 0 或小于 0). 例如当 $g'(x)>0$ 时,由于 $g(x)$(于 $U_+^0(x_0)$ 内)单调增,故 $g(x)>\lim\limits_{x\to x_0^+} g(x)=0$ $(x\in U_+^0(x_0))$,因此 $\varphi'(x)$ (当 $x>x_0$ 时)的正负性实际上由 $\dfrac{f'(x)}{g'(x)}-\dfrac{f(x)}{g(x)}$ 的正负性决定.

但由于 $\lim\limits_{x\to x_0^+} f(x)=0$, $\lim\limits_{x\to x_0^+} g(x)=0$,补充 f 与 g 在 x_0 的值,令 $f(x_0)=g(x_0)=0$,在 $U_+^0(x_0)$ 内任取一点 x,在以 x_0,x 为端点的区间上应用 Cauchy 中值定理,有

$$\frac{f(x)-f(x_0)}{g(x)-g(x_0)}=\frac{f'(\xi)}{g'(\xi)} \quad (x_0<\xi<x),$$

从而 $\dfrac{f'(x)}{g'(x)}-\dfrac{f(x)}{g(x)}=\dfrac{f'(x)}{g'(x)}-\dfrac{f'(\xi)}{g'(\xi)}$ $(x_0<\xi<x)$. 由此得:如果 $\dfrac{f'(x)}{g'(x)}$ 于 $U_+^0(x_0)$ 单调增,上式便大于 0,故 $\varphi'(x)>0$,从而 $\varphi(x)=\dfrac{f(x)}{g(x)}$ 也于 $U_+^0(x_0)$ 单调增,

$\dfrac{f(x)}{g(x)} < \dfrac{f'(x)}{g'(x)}$ $(x \in U_+^0(x_0))$,其余情形证明与之类似.

定理 2.2.2 设 $\lim\limits_{x \to x_0^-} f(x) = 0$,$\lim\limits_{x \to x_0^-} g(x) = 0$.

f 与 g 在 x_0 的某空心左邻域 $U_-^0(x_0)$ 可导,且 $g'(x) \neq 0$,则有

(1) 若 $\dfrac{f'(x)}{g'(x)}$ 于 $U_-^0(x_0)$ 单调增,则 $\dfrac{f(x)}{g(x)}$ 也于 $U_-^0(x_0)$ 单调增,并且 $\dfrac{f(x)}{g(x)} > \dfrac{f'(x)}{g'(x)}$, $x \in U_-^0(x_0)$;

(2) 若 $\dfrac{f'(x)}{g'(x)} = C$ $(x \in U_-^0(x_0))$,则 $\dfrac{f(x)}{g(x)} = C$, $x \in U_-^0(x_0)$;

(3) 若 $\dfrac{f'(x)}{g'(x)}$ 于 $U_-^0(x_0)$ 单调减,则 $\dfrac{f(x)}{g(x)}$ 也于 $U_-^0(x_0)$ 单调减,并且 $\dfrac{f(x)}{g(x)} < \dfrac{f'(x)}{g'(x)}$, $x \in U_-^0(x_0)$.

证 设 $\varphi(x) = \dfrac{f(x)}{g(x)}$, $x \in U_-^0(x_0)$,则有 $\varphi'(x) = \dfrac{g'(x)}{g(x)}\left[\dfrac{f'(x)}{g'(x)} - \dfrac{f(x)}{g(x)}\right]$.

由于 $g'(x) \neq 0$,故(根据 Darboux 定理)必有 $g'(x) > 0$ 或 $g'(x) < 0$,因此相应地即有 $g(x)$ 单调增或者单调减. 又由于 $\lim\limits_{x \to x_0^-} g(x) = 0$,故 $g(x)$ 与 $g'(x)$ 具有相反的正负性. 例如,当 $g'(x) > 0$ 时,由于 $g(x)$ (于 $U_-^0(x_0)$ 内)单调增,故 $g(x) < \lim\limits_{x \to x_0^-} g(x) = 0 (x \in U_-^0(x_0))$,因此 $\varphi'(x)$(当 $x < x_0$ 时)的正负性实际上与 $\dfrac{f'(x)}{g'(x)} - \dfrac{f(x)}{g(x)}$ 的正负性相反.

但由于 $\lim\limits_{x \to x_0^-} f(x) = 0$,$\lim\limits_{x \to x_0^-} g(x) = 0$,补充 f 与 g 在 x_0 的值,令 $f(x_0) = g(x_0) = 0$,在 $U_-^0(x_0)$ 内任取一点 x,在以 x, x_0 为端点的区间上应用 Cauchy 中值定理,有

$$\frac{f(x) - f(x_0)}{g(x) - g(x_0)} = \frac{f'(\xi)}{g'(\xi)} \quad (x < \xi < x_0),$$

从而

$$\frac{f'(x)}{g'(x)} - \frac{f(x)}{g(x)} = \frac{f'(x)}{g'(x)} - \frac{f'(\xi)}{g'(\xi)} \quad (x < \xi < x_0).$$

由此得:如果 $\dfrac{f'(x)}{g'(x)}$ 于 $U_-^0(x_0)$ 单调增,上式便小于 0,故 $\varphi'(x) > 0$,从而

$\varphi(x) = \dfrac{f(x)}{g(x)}$ 也于 $U_+^0(x_0)$ 单调增，$\dfrac{f(x)}{g(x)} > \dfrac{f'(x)}{g'(x)}$ $(x \in U_-^0(x_0))$，其余情形证明与之类似.

2.2.2　应用举例

应用结果可简便判别两个无穷小量之比的函数单调性及证明不等式.

例 1　证明不等式 $\dfrac{\ln(1+x)}{x} > 1 - \dfrac{x}{2}$，其中 $-1 < x < 0$.

证　不等式等价于 $\dfrac{2\ln(1+x)}{x(2-x)} > 1$，$\dfrac{2\ln(1+x)}{x(2-x)}$ 求导数比得 $\dfrac{\dfrac{2}{1+x}}{2-2x} = \dfrac{1}{1-x^2}$，

$\left(\dfrac{1}{1-x^2}\right)' = \dfrac{2x}{(1-x^2)^2} < 0$，由定理 2.2.2 的 (3) 知函数 $\dfrac{2\ln(1+x)}{x(2-x)}$ 当 $-1 < x < 0$ 时单调减少，

$$\lim_{x \to 0^-} \frac{2\ln(1+x)}{x(2-x)} = 1,$$

故
$$\frac{2\ln(1+x)}{x(2-x)} > 1.$$

例 2　证明不等式 $(\pi - 2x)\tan x < 2$，其中 $0 < x < \dfrac{\pi}{2}$.

证　$\dfrac{(\pi - 2x)}{\cot x}$ 求导数比得 $\dfrac{-2}{-\csc^2 x} = 2\sin^2 x$．$(2\sin^2 x)' = 4\sin 2x > 0$，由定理

2.2.2 的 (1) 知函数当 $(\pi - 2x)\tan x$ 当 $0 < x < \dfrac{\pi}{2}$ 时单调增加，

$$\lim_{x \to \left(\frac{\pi}{2}\right)^-} \frac{(\pi - 2x)}{\cot x} = \lim_{x \to \left(\frac{\pi}{2}\right)^-} 2\sin^2 x = 2,$$

故 $(\pi - 2x)\tan x < 2$，其中 $0 < x < \dfrac{\pi}{2}$.

例 3　设 $x \in (0,1)$，证明：(1) $(1+x)\ln^2(1+x) < x^2$；(2) $\dfrac{1}{\ln 2} - 1 <$

$\dfrac{1}{\ln(1+x)} - \dfrac{1}{x} < \dfrac{1}{2}$.

证　(1) 不等式等价于 $\dfrac{(1+x)\ln^2(1+x)}{x^2} < 1$，$\dfrac{(1+x)\ln^2(1+x)}{x^2}$ 求导数比得

$\dfrac{\ln^2(1+x)+2\ln(1+x)}{2x}$，再 求 导 数 比 得 $\dfrac{1+\ln(1+x)}{1+x}$，$\left(\dfrac{1+\ln(1+x)}{1+x}\right)' =$ $-\dfrac{\ln(1+x)}{(1+x)^2}<0$，由定理 2.2.1 的（3）知 $\dfrac{(1+x)\ln^2(1+x)}{x^2}$ 当 $0<x<1$ 时单调减

少，$\lim\limits_{x\to 0^+}\dfrac{(1+x)\ln^2(1+x)}{x^2}=1$，故 $\dfrac{(1+x)\ln^2(1+x)}{x^2}<1$.

（2）$\dfrac{1}{\ln(1+x)}-\dfrac{1}{x}=\dfrac{x-\ln(1+x)}{x\ln(1+x)}$ 求导数比并化简得 $\dfrac{x}{(1+x)\ln(1+x)+x}$，

再求导数比得 $\dfrac{1}{\ln(1+x)+2}$，$\left(\dfrac{1}{\ln(1+x)+2}\right)'=\dfrac{1}{(1+x)[\ln(1+x)+2]^2}>0$，由

定理 2.2.1 的（1）知 $\dfrac{1}{\ln(1+x)}-\dfrac{1}{x}$ 当 $0<x<1$ 时单调增加，

$$\lim\limits_{x\to 0^+}\left(\dfrac{1}{\ln(1+x)}-\dfrac{1}{x}\right)=\lim\limits_{x\to 0^+}\dfrac{1}{2+\ln(1+x)}$$

$$=\dfrac{1}{2}\lim\limits_{x\to 1^-}\left(\dfrac{1}{\ln(1+x)}-\dfrac{1}{x}\right)=\dfrac{1}{\ln 2}-1,$$

故 $\dfrac{1}{\ln 2}-1<\dfrac{1}{\ln(1+x)}-\dfrac{1}{x}<\dfrac{1}{2}$.

2.3 微分中值定理与 Newton-Leibniz 公式互相证明

2.3.1 用微分中值定理推出牛顿-莱布尼茨（Newton-Leibniz）公式

在高等数学（或数学分析）中，三个微分中值定理，即罗尔（Rolle）定理、Lagrange 中值定理、Cauchy 中值定理，以及 Newton-Leibniz 公式是非常重要的. 而且三个微分中值定理与 Newton-Leibniz 公式是可以互相证明的，弄清楚这一点，对学习微积分颇有裨益. 因此，下面给出证明.

1. 用 Rolle 定理证明 Newton-Leibniz 公式

设 $f(x)$ 在 $[a,b]$ 上连续，$F(x)$ 是 $f(x)$ 在 $[a,b]$ 上的原函数，在区间 $[a,b]$ 内插入 $(n-1)$ 个分点：$a=x_0<x_1<x_2<\cdots<x_{n-1}<x_n=b$，则 $[a,b]$ 被分

成了 n 个小区间 $[x_{k-1}, x_k]$ $(k=1,2,\cdots,n)$，设 $\Delta x_k = x_k - x_{k-1}$，在每个小区间 $[x_{k-1}, x_k]$ $(k=1,2,\cdots,n)$ 上构造函数 $G_k(x) = (x_k - x_{k-1})F(x) - [F(x_k) - F(x_{k-1})]x$；由于 $f(x)$ 在 $[a,b]$ 上连续，故原函数 $F(x)$ 在 $[a,b]$ 上也连续，在 (a,b) 内可导，所以 $G_k(x)$ 在小区间 $[x_{k-1}, x_k]$ $(k=1,2,\cdots,n)$ 上连续，在 (x_{k-1}, x_k) 内可导，且 $G_k(x_{k-1}) = G_k(x_k)$，所以 $G_k(x)$ 满足 Rolle 定理的条件，故在每个小区间 (x_{k-1}, x_k) 内至少存在一点 ξ_k 使 $G'_k(\xi_k) = 0$，即 $(x_k - x_{k-1})F'(\xi_k) - [F(x_k) - F(x_{k-1})] = 0$，又 $f(x) = F'(x)$，所以 $F(x_k) - F(x_{k-1}) = F'(\xi_k)(x_k - x_{k-1}) = f(\xi_k)\Delta x_k$ $(k=1,2,\cdots,n)$，因此，$F(b) - F(a) =$

$$\sum_{k=1}^{n}[F(x_k) - F(x_{k-1})] = \sum_{k=1}^{n}F'(\xi_k)(x_k - x_{k-1}) = \sum_{k=1}^{n}f(\xi_k)\Delta x_k,$$ 因 $f(x)$ 在 $[a,$

$b]$ 上连续，令 $d = \max\limits_{1 \leqslant k \leqslant n}\{\Delta x_k\} \to 0$，便得 $F(b) - F(a) = \int_a^b f(x)\mathrm{d}x$. 即 Newton-Leibniz 公式.

2. 用 Lagrange 中值定理证明 Newton-Leibniz 公式

设 $f(x)$ 在 $[a,b]$ 上连续，$F(x)$ 是 $f(x)$ 在 $[a,b]$ 上的原函数，用分点 $a = x_0 < x_1 < x_2 < \cdots < x_{n-1} < x_n = b$，把 $[a,b]$ 分成了 n 个小区间 $[x_{k-1}, x_k]$ $(k=1,2,\cdots,n)$，设 $\Delta x_k = x_k - x_{k-1}$，由于 $f(x)$ 在 $[a,b]$ 上连续，所以 $F(x)$ 在 $[a,b]$ 上也连续，在 (a,b) 内可导，因此，在每个小区间 $[x_{k-1}, x_k]$ 上应用 Lagrange 中值定理得 $F(x_k) - F(x_{k-1}) = F'(\xi_k)(x_k - x_{k-1})$ $(k=1,2,\cdots,n)$.

即 $F(x_k) - F(x_{k-1}) = f(\xi_k)\Delta x_k$. 所以，$F(b) - F(a) = \sum\limits_{k=1}^{n}[F(x_k) - F(x_{k-1})] =$

$\sum\limits_{k=1}^{n}F'(\xi_k)(x_k - x_{k-1}) = \sum\limits_{k=1}^{n}f(\xi_k)\Delta x_k$. 因 $f(x)$ 在 $[a,b]$ 上连续，令 $d =$

$\max\limits_{1 \leqslant k \leqslant n}\{\Delta x_k\} \to 0$，便得

$$F(b) - F(a) = \int_a^b f(x)\mathrm{d}x.$$

即 Newton-Leibniz 公式.

由于 Lagrange 中值定理是 Cauchy 中值定理的特例，因此，$F(x_k) - F(x_{k-1}) = F'(\xi_k)(x_k - x_{k-1}) = f(\xi_k)\Delta x_k$ 可认为是对 $F(x)$、$g(x) = x$ 在每个小区间 $[x_{k-1}, x_k]$ $(k=1,2,\cdots,n)$ 上应用 Cauchy 中值定理得到的，故此，用 Cauchy 中值定理亦可推出 Newton-Leibniz 公式，所以，由 1、2 知：三个微分中值定理都可推出

Newton-Leibniz 公式.

2.3.2 用 Newton-Leibniz 公式推出微分中值定理

设 $f(x)$ 在 $[a,b]$ 上连续,且在 (a,b) 内可导,若 $f'(x)$ 满足条件:① 在 $[a,b]$ 上连续;② 在 $[a,b]$ 上只有有限个可除去间断点;此时,可定义 $f'(x)$ 在间断点处的值为导数值,则 $f'(x)$ 在 $[a,b]$ 上也是连续的,且不会影响 $\int_a^b f'(x)\mathrm{d}x$ 的值,那么,就可用 Newton-Leibniz 公式证明微分中值定理.

设 $f(x)$ 及 $g(x)$ 在 $[a,b]$ 上连续,在 (a,b) 内可导、$g'(x) \neq 0$,且 $f'(x)$、$g'(x)$ 满足条件 ① 或 ②,则 $F(x) = [f(b)-f(a)]g(x) - [g(b)-g(a)]f(x)$ 在 $[a,b]$ 上也连续,在 (a,b) 内可导,且 $F'(x)$ 满足条件 ① 或 ②,则由 Newton-Leibniz 公式知:$F(b) - F(a) = \int_a^b F'(x)\mathrm{d}x$,又由积分中值定理得:$\int_a^b F'(x)\mathrm{d}x = F'(\xi)(b-a),\xi \in [a,b]$,即 $F(b)-F(a) = F'(\xi)(b-a)$. 又因为 $F(a) = F(b)$,所以,$F'(\xi)(b-a) = 0$,即

$$\{[f(b)-f(a)]g'(\xi) - [g(b)-g(a)]f'(\xi)\}(b-a) = 0,$$

因此,整理得:$\dfrac{f(b)-f(a)}{g(b)-g(a)} = \dfrac{f'(\xi)}{g'(\xi)}$. 因 $F'(\xi)(b-a) = 0$,所以 $F'(\xi) = 0$. 如果 $F(x)$ 是常数函数,则 $F'(x) \equiv 0$,那么,在 (a,b) 内任意取 ξ 均能使 $F'(\xi) = 0$,故 $\exists \xi \in (a,b)$,使 $\dfrac{f(b)-f(a)}{g(b)-g(a)} = \dfrac{f'(\xi)}{g'(\xi)}$ 成立. 如果 $f(x)$ 不是常数函数,则 $F'(x)$ 不恒为零,而 $F(a) = F(b)$,即 $\int_a^b F'(x)\mathrm{d}x = 0$,所以,由定积分的几何意义知:$F'(x)$ 与 x 轴在 a,b 之间必有交点 $(\xi,0)$,使 $F'(\xi) = 0$,因 $\xi \in (a,b)$,所以,$\exists \xi \in (a,b)$,使 $\dfrac{f(b)-f(a)}{g(b)-g(a)} = \dfrac{f'(\xi)}{g'(\xi)}$ 成立. 即 Cauchy 中值定理.

显然,当 $g(x) = x$ 时,便得 Lagrange 中值定理:$f(b)-f(a) = f'(\xi)(b-a)$. 再有 $f(b) = f(a)$,就得到 Rolle 定理:$f'(\xi) = 0$. 所以,三个微分中值定理用 Newton-Leibniz 公式都可推出.

2.4　微积分第一基本定理和
积分中值定理的证法

2.4.1　用 Newton-Leibniz 公式证明微积分第一基本定理

在高等数学（或数学分析）中，证明 Newton-Leibniz 公式，通常的方法是首先用函数的连续性和介值定理证明积分中值定理，再用积分中值定理证明微积分第一基本定理，然后，再借助于原函数的概念和变上限积分函数证明 Newton-Leibniz 公式. 但由于参考文献[14]、[15]中均用微分中值定理证明了 Newton-Leibniz 公式，因此，我们就可用 Newton-Leibniz 公式和 Lagrange 中值定理直接证明微积分第一基本定理和积分中值定理，而且积分中值定理的中间点 ξ 与微分中值定理的中间点（$a<\xi<b$）是一致的. 所以，弄清楚这一点，就能使微积分内容的学习处理得心应手，非常有益. 故此，下面给出证明.

定理 2.4.1（微积分第一基本定理）设 $f(x)$ 在 $[a,b]$ 上连续，则变上限积分函数 $\Phi(x) = \int_a^x f(t)\mathrm{d}t$ 在 $[a,b]$ 上可导，且 $\Phi'(x) = \dfrac{\mathrm{d}}{\mathrm{d}x}\int_a^x f(t)\mathrm{d}t = f(x)$. 其中，若 x 为区间 $[a,b]$ 的端点，则 $\Phi'(x)$ 是单侧导数.

证　因 $\Delta\Phi = \int_a^{x+\Delta x} f(t)\mathrm{d}t - \int_a^x f(t)\mathrm{d}t = \int_a^x f(t)\mathrm{d}t + \int_x^{x+\Delta x} f(t)\mathrm{d}t - \int_a^x f(t)\mathrm{d}t =$
$\int_x^{x+\Delta x} f(t)\mathrm{d}t$，而 $f(x)$ 在 $[a,b]$ 上连续，则 $f(x)$ 在 $[a,b]$ 上有原函数 $F(x)$，故由
Newton-Leibniz 公式得 $\int_x^{x+\Delta x} f(t)\mathrm{d}t = F(x+\Delta x) - F(x)$，即 $\Delta\Phi = F(x+\Delta x) -$
$F(x)$，所以，

$$\frac{\Delta\Phi}{\Delta x} = \frac{F(x+\Delta x) - F(x)}{\Delta x},$$

故

$$\lim_{\Delta x \to 0} \frac{\Delta\Phi}{\Delta x} = \lim_{\Delta x \to 0} \frac{F(x+\Delta x) - F(x)}{\Delta x},$$

因 $F(x)$ 是 $f(x)$ 在 $[a,b]$ 上的原函数,所以,

$$\lim_{\Delta x \to 0} \frac{\Delta \Phi}{\Delta x} = \lim_{\Delta x \to 0} \frac{F(x + \Delta x) - F(x)}{\Delta x} = F'(x) = f(x),$$

即 $\Phi'(x) = F'(x) = f(x)^*$,所以,$\Phi'(x) = \dfrac{\mathrm{d}}{\mathrm{d}x} \displaystyle\int_a^x f(t) \mathrm{d}t = f(x)$.

由 * 式知变上限积分函数 $\Phi(x) = \displaystyle\int_a^x f(t) \mathrm{d}t$,$x \in [a,b]$ 是 $f(x)$ 的一个原函数.

显然,只要 $f(x)$ 在 $[a,b]$ 上可积,且在 $[a,b]$ 上有原函数 $F(x)$,Newton-Leibniz 公式就成立,那么,定理 2.4.1 的结论就成立.因此,微积分第一基本定理也可推广如下.

定理 2.4.1′ 如果 $f(x)$ 在 $[a,b]$ 上可积,且在 $[a,b]$ 上有原函数,则变上限积分函数 $\Phi(x) = \displaystyle\int_a^x f(t) \mathrm{d}t$ 在 $[a,b]$ 上可导,且 $\Phi'(x) = \dfrac{\mathrm{d}}{\mathrm{d}x} \displaystyle\int_a^x f(t) \mathrm{d}t = f(x)$.其中,若 x 为区间 $[a,b]$ 的端点,则 $\Phi'(x)$ 是单侧导数.

2.4.2 用 Lagrange 中值定理证明积分中值定理

定理 2.4.2(积分中值定理) 设 $f(x)$ 在 $[a,b]$ 上连续,则至少存在一点 $\xi \in [a,b]$,使

$$\int_a^b f(x) \mathrm{d}x = f(\xi)(b - a).$$

证 由定理 2.4.1 知 $\Phi(x) = \displaystyle\int_a^x f(t) \mathrm{d}t$ 在 $[a,b]$ 上可导,显然,在 $[a,b]$ 上也连续,即 $\Phi(x) = \displaystyle\int_a^x f(t) \mathrm{d}t$ 在 $[a,b]$ 上连续,在 (a,b) 内可导,故由 Lagrange 中值定理得:$\Phi(b) - \Phi(a) = \Phi'(\xi)(b - a)$.即

$$\int_a^b f(t) \mathrm{d}t - \int_a^a f(t) \mathrm{d}t = \left(\int_a^x f(t) \mathrm{d}t \right)'_\xi (b - a) = f(\xi)(b - a),$$

即 $\displaystyle\int_a^b f(x) \mathrm{d}x = f(\xi)(b - a)$,$a < \xi < b$.

显然,$\xi \in [a,b]$.

实际上 ξ 在 (a,b) 内,因此,微分中值定理和积分中值定理的中间点就一致

了.而积分中值定理要求 $f(x)$ 在 $[a,b]$ 上连续,结论才能成立.例如,对于闭区间 $[1,2]$ 上的如下分段连续函数 $f(x)$ 及其原函数 $F(x)$,

$$f(x)=\begin{cases}0, & 0\leqslant x\leqslant 1\\ 1, & 1<x\leqslant 2\end{cases} \text{ 和 } F(x)=\begin{cases}C, & 0\leqslant x\leqslant 1\\ x+C-1, & 1<x\leqslant 2\end{cases},$$

虽然 Newton-Leibniz 公式是成立的,但定理 2.4.2 的结论不成立.其实,如果 $f(x)$ 在 $[a,b]$ 上可积,且在 $[a,b]$ 上有原函数,即 $f(x)$ 在 $[a,b]$ 上连续,或只有有限个第一类间断点,此时,可定义 $f(x)$ 在间断点 x_0 处的函数值 $f(x_0)=\frac{1}{2}[f(x_0^-)+f(x_0^+)]$,积分中值定理也是成立的.故此,积分中值定理可推广如下.

定理 2.4.2′ 如果 $f(x)$ 在 $[a,b]$ 上可积,且在 $[a,b]$ 上有原函数,则在 (a,b) 内至少存在一点 ξ,使 $\int_a^b f(x)\mathrm{d}x = f(\xi)(b-a)$, $a<\xi<b$.

显然,如果将 Newton-Leibniz 公式和微分中值定理联系起来,便有

$$F(b)-F(a) = \int_a^b f(x)\mathrm{d}x = f(\xi)(b-a) , \quad a<\xi<b.$$

这样,应用起来就方便灵活了.

2.5 微分中值定理与 Newton-Leibniz 公式的证明体系

2.5.1 三个证明体系概述

在高等数学(或数学分析)中,微分中值定理与 Newton-Leibniz 公式的证明,通常的证明方法是相互独立的,即先证明微分中值定理;再根据连续函数的介值定理、连续性证明积分中值定理,然后用积分中值定理证明微积分第一基本定理,即证明 $\Phi(x) = \int_a^x f(t)\mathrm{d}t$ 是 $f(x)$ 的原函数,从而由变上限积分函数 $\Phi(x) = \int_a^x f(t)\mathrm{d}t$ 推出 Newton-Leibniz 公式,在许多高等数学(或数学分析)教

材中都可见到,这是一个证明体系;但根据参考文献[14],[15],[21] 又可得到两个证明体系,在证明过程中微分中值定理与 Newton-Leibniz 公式是相互联系的,因此,下面介绍这两个证明体系.

2.5.2 两个证明体系的介绍

1. 第一个证明体系

第一个证明体系是:先证明微分中值定理,其证明方法,可见数学分析(或高等数学)教材,再用微分中值定理证明 Newton-Leibniz 公式,然后用 Newton-Leibniz 公式证明微积分第一基本定理,亦可用微分中值定理证明积分中值定理,其证明如下.

Newton-Leibniz 公式的证明(见参考文献[14])

设 $f(x)$ 在 $[a,b]$ 上连续,$F(x)$ 是 $f(x)$ 在 $[a,b]$ 上的原函数,用分点 $a=x_0<x_1<x_2<\cdots<x_{n-1}<x_n=b$,把 $[a,b]$ 分成了 n 个小区间 $[x_{k-1},x_k]$ $(k=1,2,\cdots,n)$,设 $\Delta x_k=x_k-x_{k-1}$,由于 $f(x)$ 在 $[a,b]$ 上连续,所以,$F(x)$ 在 $[a,b]$ 上也连续,在 (a,b) 内可导,因此,在每个小区间 $[x_{k-1},x_k]$ 上应用 Lagrange 中值定理得

$$F(x_k)-F(x_{k-1})=F'(\xi_k)(x_k-x_{k-1})\ \ (k=1,2,\cdots,n).$$

即 $F(x_k)-F(x_{k-1})=f(\xi_k)\Delta x_k$,所以,

$$F(b)-F(a)=\sum_{k=1}^{n}\big[F(x_k)-F(x_{k-1})\big]$$

$$=\sum_{k=1}^{n}F'(\xi_k)(x_k-x_{k-1})$$

$$=\sum_{k=1}^{n}f(\xi_k)\Delta x_k,$$

因 $f(x)$ 在 $[a,b]$ 上连续,令 $d=\max_{1\leqslant k\leqslant n}\{\Delta x_k\}\to0$,便得 $F(b)-F(a)=\int_a^b f(x)\mathrm{d}x$.

即 Newton-Leibniz 公式. 当然也可用 Rolle 定理、Cauchy 中值定理证明微积分基本公式.

微积分第一基本定理的证明(见参考文献[2])

因 $\Delta\Phi=\int_a^{x+\Delta x}f(t)\mathrm{d}t-\int_a^x f(t)\mathrm{d}t=\int_a^x f(t)\mathrm{d}t+\int_x^{x+\Delta x}f(t)\mathrm{d}t-\int_a^x f(t)\mathrm{d}t=$

$\int_x^{x+\Delta x} f(t)\mathrm{d}t$，而 $f(x)$ 在 $[a,b]$ 上连续，则 $f(x)$ 在 $[a,b]$ 上有原函数 $F(x)$，故由

Newton-Leibniz 公式得 $\int_x^{x+\Delta x} f(t)\mathrm{d}t = F(x+\Delta x) - F(x)$，即 $\Delta\Phi = F(x+\Delta x) -$

$F(x)$，所以，$\dfrac{\Delta\Phi}{\Delta x} = \dfrac{F(x+\Delta x)-F(x)}{\Delta x}$，故 $\lim\limits_{\Delta x\to 0}\dfrac{\Delta\Phi}{\Delta x} = \lim\limits_{\Delta x\to 0}\dfrac{F(x+\Delta x)-F(x)}{\Delta x}$，因

$F(x)$ 是 $f(x)$ 在 $[a,b]$ 上的原函数，所以，$\lim\limits_{\Delta x\to 0}\dfrac{\Delta\Phi}{\Delta x} = \lim\limits_{\Delta x\to 0}\dfrac{F(x+\Delta x)-F(x)}{\Delta x} =$

$F'(x) = f(x)$，即 $\Phi'(x) = F'(x) = f(x)$，因此，$\Phi'(x) = \dfrac{\mathrm{d}}{\mathrm{d}x}\int_a^x f(t)\mathrm{d}t = f(x)$.

积分中值定理的证明（见参考文献[1],[2],[3]）

由微积分第一基本定理知 $\Phi(x) = \int_a^x f(t)\mathrm{d}t$ 在 $[a,b]$ 上可导，则在 $[a,b]$ 上

也连续，即 $\Phi(x) = \int_a^x f(t)\mathrm{d}t$ 在 $[a,b]$ 上连续，在 (a,b) 内可导，故由 Lagrange 中

值定理得

$$\Phi(b) - \Phi(a) = \Phi'(\xi)(b-a).$$

也就是

$$\int_a^b f(t)\mathrm{d}t - \int_a^a f(t)\mathrm{d}t = \left(\int_a^x f(t)\mathrm{d}t\right)'_\xi(b-a) = f(\xi)(b-a),$$

所以 $\int_a^b f(x)\mathrm{d}x = f(\xi)(b-a)$，$a < \xi < b$，显然，$\xi \in [a,b]$.

如果把 Newton-Leibniz 公式和微分中值定理联系起来，便有

$$F(b) - F(a) = \int_a^b f(x)\mathrm{d}x = f(\xi)(b-a)\ (a < \xi < b),$$

因此，微分中值定理和积分中值定理的中间点是相一致的.

2. 第二个证明体系

另一个证明体系是：先不证微分中值定理，而用连续函数的介值定理证明
积分中值定理，然后用积分中值定理、函数的连续性证明微积分第一基本定理，
再证明微积分基本公式，则就可用微积分基本公式证明微分中值定理，其证明
如下.

积分中值定理的证明（见参考文献[1],[2],[3]）

由于 $m \leqslant \dfrac{1}{b-a}\int_a^b f(x)\mathrm{d}x \leqslant M$，即 $\dfrac{1}{b-a}\int_a^b f(x)\mathrm{d}x$ 介于 $f(x)$ 的最小值 m 及

最大值 M 之间,故由闭区间上连续函数的介值定理知在 $[a,b]$ 上至少存在一点 ξ,使 $\dfrac{1}{b-a}\displaystyle\int_a^b f(x)\mathrm{d}x = f(\xi)\ (a \leqslant \xi \leqslant b)$,故 $\displaystyle\int_a^b f(x)\mathrm{d}x = f(\xi)(b-a)$,即积分中值定理.

微积分第一基本定理的证明(见参考文献[1],[2])

$$
\begin{aligned}
\text{因 } \Delta\Phi = \Phi(x+\Delta x) - \Phi(x) &= \int_a^{x+\Delta x} f(t)\mathrm{d}t - \int_a^x f(t)\mathrm{d}t \\
&= \int_a^x f(t)\mathrm{d}t + \int_x^{x+\Delta x} f(t)\mathrm{d}t - \int_a^x f(t)\mathrm{d}t \\
&= \int_x^{x+\Delta x} f(t)\mathrm{d}t,
\end{aligned}
$$

所以,由积分中值定理得 $\Delta\Phi = f(\xi)\Delta x$,故 $\dfrac{\Delta\Phi}{\Delta x} = f(\xi)$,又 $f(x)$ 在 $[a,b]$ 上连续,当 $\Delta x \to 0$ 时,$\xi \to x$,所以,$\lim\limits_{\Delta x \to 0} \dfrac{\Delta\Phi}{\Delta x} = \lim\limits_{\Delta x \to 0} f(\xi) = \lim\limits_{\xi \to x} f(\xi) = f(x)$,也就是 $\Phi'(x) = \dfrac{\mathrm{d}}{\mathrm{d}x}\displaystyle\int_a^x f(t)\mathrm{d}t = f(x)$,即微积分第一基本定理.

微积分基本公式的证明(见参考文献[2],[3])

因 $F(x)$ 是连续函数 $f(x)$ 在区间 $[a,b]$ 上的一个原函数,而 $\Phi(x) = \displaystyle\int_a^x f(t)\mathrm{d}t$ 也是 $f(x)$ 的一个原函数,故 $F(x) - \Phi(x) = C\ (a \leqslant x \leqslant b)$. 令 $x = a$ 便得 $F(a) - \Phi(a) = C$,而 $\Phi(a) = 0$,因此,$C = F(a)$,代入上式有 $\displaystyle\int_a^x f(t)\mathrm{d}t = F(x) - F(a)$. 若令式中 $x = b$,就得 $\displaystyle\int_a^b f(x)\mathrm{d}x = F(b) - F(a)$,即微积分基本公式.

用微积分基本公式证明微分中值定理(见参考文献[14])

设 $f(x)$ 在 $[a,b]$ 上连续,且在 (a,b) 内可导,$f'(x)$ 满足条件:① 在 $[a,b]$ 上连续;② 在 $[a,b]$ 上只有有限个可除去间断点;此时,可定义 $f'(x)$ 在间断点处的值为导数值,则 $f'(x)$ 在 $[a,b]$ 上也是连续的,且不会影响 $\displaystyle\int_a^b f'(x)\mathrm{d}x$ 的值,那么就可用微积分基本公式证明微分中值定理.

设 $f(x)$ 及 $g(x)$ 在 $[a,b]$ 上连续,在 (a,b) 内可导、$g'(x)\neq0$,且 $f'(x)$、$g'(x)$ 满足条件①或②,则 $F(x)=[f(b)-f(a)]g(x)-[g(b)-g(a)]f(x)$ 在 $[a,b]$ 上也连续,在 (a,b) 内可导,且 $F'(x)$ 满足条件①或②,则由微积分基本公式知

$$F(b)-F(a)=\int_a^b F'(x)\mathrm{d}x,$$

又由积分中值定理得

$$\int_a^b F'(x)\mathrm{d}x=F'(\xi)(b-a),\xi\in[a,b].$$

即 $F(b)-F(a)=F'(\xi)(b-a)$,又因为 $F(a)=F(b)$,所以,$F'(\xi)(b-a)=0$,即 $\{[f(b)-f(a)]g'(\xi)-[g(b)-g(a)]f'(\xi)\}(b-a)=0$,因此,整理得 $\dfrac{f(b)-f(a)}{g(b)-g(a)}=\dfrac{f'(\xi)}{g'(\xi)}$. 因 $F'(\xi)(b-a)=0$,所以 $F'(\xi)=0$. 如果 $F(x)$ 是常数函数,则 $F'(x)\equiv0$,那么在 (a,b) 内任意取 ξ 均能使 $F'(\xi)=0$,故 $\exists\xi\in(a,b)$,使 $\dfrac{f(b)-f(a)}{g(b)-g(a)}=\dfrac{f'(\xi)}{g'(\xi)}$ 成立. 如果 $f(x)$ 不是常数函数,则 $F'(x)$ 不恒为零,而 $F(a)=F(b)$,即 $\int_a^b F'(x)\mathrm{d}x=0$,所以,由定积分的几何意义知:$F'(x)$ 与 x 轴在 a,b 之间必有交点 $(\xi,0)$,使 $F'(\xi)=0$,因 $\xi\in(a,b)$,所以,$\exists\xi\in(a,b)$,使 $\dfrac{f(b)-f(a)}{g(b)-g(a)}=\dfrac{f'(\xi)}{g'(\xi)}$ 成立. 即 Cauchy 中值定理.

显然,当 $g(x)=x$ 时,便得 Lagrange 中值定理:$f(b)-f(a)=f'(\xi)(b-a)$. 再有 $f(b)=f(a)$,就得到 Rolle 定理:$f'(\xi)=0$. 所以,三个微分中值定理都可用微积分基本公式推出.

综上所述,微分中值定理与微积分基本公式的证明有三个体系,那么,三个证明体系中究竟哪一个体系更好呢? 想必是各有千秋. 但有一点,弄清三种证明体系以及微分中值定理与微积分基本公式的关系,对学习理解微积分的内容无疑是非常有益的.

2.6 无穷积分收敛条件的探讨

2.6.1 问题的猜想

在常数项级数中,有一个判别正项级数敛散性的定理 —— 积分准则,即如果存在一单调减非负函数 $f:[1,+\infty)\rightarrow[0,+\infty)$,使 $f(n)=a_n$,则正项级数 $\sum\limits_{n=1}^{\infty}a_n$ 与无穷积分 $\int_1^{+\infty}f(x)\mathrm{d}x$ 同收敛或同发散. 而级数 $\sum\limits_{n=1}^{\infty}a_n$ 收敛的必要条件是:$\lim\limits_{n\rightarrow\infty}a_n=0$,于是猜想 $\int_1^{+\infty}f(x)\mathrm{d}x$ 收敛的必要条件也应是 $\lim\limits_{x\rightarrow+\infty}f(x)=0$,但有反例如下.

[**反例 1**] 设 $f(x)$ 在 $[1,+\infty)$ 上按如下定义:

$$f(x)=\begin{cases}n+1, & x\in\left(n,n+\dfrac{1}{n(n+1)^2}\right)\\[4mm] 0, & x\in\left(n+\dfrac{1}{n(n+1)^2},n+1\right)\end{cases},n=1,2\cdots.$$

那么,$\forall A>1$,总可取充分大的 n,使得 $A\in[n,n+1)$,由于 $f(x)\geqslant 0$,因此,

$$\int_1^n f(x)\mathrm{d}x\leqslant\int_1^A f(x)\mathrm{d}x\leqslant\int_1^{n+1}f(x)\mathrm{d}x,$$

当 $n\rightarrow+\infty$ 时,

$$\lim_{n\rightarrow+\infty}\int_1^n f(x)\mathrm{d}x=\lim_{n\rightarrow+\infty}\left[\int_1^2 f(x)\mathrm{d}x+\int_2^3 f(x)\mathrm{d}x+\int_3^4 f(x)\mathrm{d}x+\cdots+\int_{n-1}^n f(x)\mathrm{d}x\right]$$

$$=\lim_{n\rightarrow+\infty}\left[\frac{1}{1\cdot 2}+\frac{1}{2\cdot 3}+\frac{1}{3\cdot 4}+\cdots+\frac{1}{(n-1)n}\right]$$

$$=\lim_{n\rightarrow+\infty}\left[\left(1-\frac{1}{2}\right)+\left(\frac{1}{2}-\frac{1}{3}\right)+\left(\frac{1}{3}-\frac{1}{4}\right)+\left(\frac{1}{4}-\frac{1}{5}\right)+\cdots+\right.$$

$$\left.\left(\frac{1}{n-1}-\frac{1}{n}\right)\right]$$

$$= \lim_{n \to +\infty} \left(1 - \frac{1}{n}\right) = 1 = \lim_{n \to +\infty} \int_1^{n+1} f(x)\,\mathrm{d}x,$$

由夹逼性知

$$\int_1^{+\infty} f(x)\,\mathrm{d}x = \lim_{A \to +\infty} \int_1^A f(x)\,\mathrm{d}x = 1,$$

即 $f(x)$ 在 $[1, +\infty)$ 上的无穷积分收敛. 但 $f(x)$ 是无界的, 当然 $f(x)$ 在 $[1, +\infty)$ 上是不连续的, 下面再看一个连续的函数.

[反例 2]　设 $f(x)$ 在 $[1, +\infty)$ 上按如下定义:

$$f(x) = \begin{cases} 2n(n+1)^3(x-n), & x \in \left[n, n+\dfrac{1}{2n(n+1)^2}\right] \\[3mm] -2n(n+1)^3\left(x-n-\dfrac{1}{n(n+1)^2}\right), & x \in \left(n+\dfrac{1}{2n(n+1)^2}, n+\dfrac{1}{n(n+1)^2}\right] \\[3mm] 0, & x \in \left(n+\dfrac{1}{n(n+1)^2}, n+1\right) \end{cases}, n=1,2\cdots.$$

显然, 这个函数在 $[1, +\infty)$ 上是连续的, 而且由反例 1 知

$$\int_1^{+\infty} f(x)\,\mathrm{d}x = \lim_{n \to +\infty} \left[\int_1^2 f(x)\,\mathrm{d}x + \int_2^3 f(x)\,\mathrm{d}x + \cdots + \int_{n-1}^n f(x)\,\mathrm{d}x\right]$$

$$= \lim_{n \to +\infty} \left[\frac{1}{2(1 \cdot 2)} + \frac{1}{2(2 \cdot 3)} + \cdots + \frac{1}{2n(n+1)}\right]$$

$$= \frac{1}{2} \lim_{n \to +\infty} \left[\frac{1}{1 \cdot 2} + \frac{1}{2 \cdot 3} + \cdots + \frac{1}{n(n+1)}\right] = \frac{1}{2}.$$

即 $\displaystyle\int_1^{+\infty} f(x)\,\mathrm{d}x$ 收敛于 $\dfrac{1}{2}$, 但 $f(x)$ 也是无界的.

以上两个例子中的被积函数均在广大的无穷个区间上的函数值为零, 仅在很小的无穷个区间上函数值不为零, 尽管函数 $f(x)$ 无界, 但区间长度与函数值的乘积仍是有界的, 所以, 无穷积分收敛. 显然, 仅无穷积分收敛是推不出 $\lim\limits_{x \to +\infty} f(x) = 0$ 或 $f(x)$ 有界的. 但是, 如果函数 $f(x)$, 在定义域内函数值不为零, 且 $f(x)$ 的无穷积分收敛, 当 $x \to +\infty$ 时, $f(x)$ 就会趋向于零, 弄清楚这一点, 对反常积分学习是非常有益的, 于是给出如下定理.

2.6.2　基本定理(证明)及推论

定理 2.6.1　设 $f(x)$ 在 $[a, +\infty)$ 上连续, 且在该区间上 $f(x) > 0$(或 < 0),

则 $\int_a^{+\infty} f(x)\mathrm{d}x$ 收敛的必要条件是：$\lim\limits_{x\to+\infty} f(x)=0$.

证 不妨设在 $[a,+\infty)$ 上 $f(x)>0$，对任意 $x\in(a,+\infty)$，$f(x)$ 在 $[a,x]$ 上连续，如果 $F(x)$ 是 $f(x)$ 在 $[a,+\infty)$ 上的原函数，则 $F(x)$ 在 $[a,x]$ 上也连续，且在 (a,x) 内可导，所以，由 Lagrange 中值定理得 $F(x)-F(a)=F'(\xi)(x-a)$（ξ 在 a 与 x 之间）. 即 $F(x)-F(a)=f(\xi)(x-a)$，所以，$\dfrac{F(x)-F(a)}{x-a}=f(\xi)$. 因 $f(x)>0$，故 $F(x)$ 是严格单调增函数，则 $F(x)-F(a)>0$，当 $x\to+\infty$ 时，$\xi\to+\infty$，若 $\lim\limits_{x\to+\infty} F(x)$ 存在，则 $\dfrac{F(x)-F(a)}{x-a}$ 是单调减函数，从而知 $f(x)$ 也是单调减函数. 且 $0< f(x)\leqslant f(a)$，即 $f(x)$ 在 $[a,+\infty)$ 上有界，所以，$\lim\limits_{x\to+\infty} f(x)$ 存在.

故

$$\lim_{x\to+\infty} f(x)=\lim_{\xi\to+\infty} f(\xi)=\lim_{x\to+\infty}\frac{F(x)-F(a)}{x-a}=0,$$

即 $\lim\limits_{x\to+\infty} f(x)=0$. 可类证 $f(x)<0$ 的情形.

推论 2.6.1 设 $f(x)$ 在 $(-\infty,+\infty)$ 上连续，且在 $(-\infty,a)$ 上 $f(x)>0$（或 <0），在 $[a,+\infty)$ 上 $f(x)>0$（或 <0），则 $\int_{-\infty}^{+\infty} f(x)\mathrm{d}x$ 收敛的必要条件是 $\lim\limits_{x\to\infty} f(x)=0$.

如果在定义域内的有限个点或有限区间上 $f(x)=0$，定理及推论仍成立，因此，定理及推论不仅可判定不具有收敛必要条件的无穷积分的发散，而且还可以应用于有关的证明（如可证明比较准则（极限形式）். 这里不再赘述.

2.6.3 应用举例

例 1 判断下列无穷积分的敛散性：

(1) $\int_1^{+\infty} x\sin\dfrac{1}{x}\mathrm{d}x$； (2) $\int_{-\infty}^{+\infty} x^3 \mathrm{e}^x \mathrm{d}x$； (3) $\int_1^{+\infty}\dfrac{\mathrm{d}x}{3x+\sqrt{x}+2}$.

解 (1) 在 $[1,+\infty)$ 上 $f(x)=x\sin\dfrac{1}{x}>0$，而 $\lim\limits_{x\to+\infty}\left(x\sin\dfrac{1}{x}\right)=1\neq 0$，故

由定理 2.6.1 知 $\int_1^{+\infty} x\sin\dfrac{1}{x}\mathrm{d}x$ 发散.

(2) 取 $a=0$,在 $(-\infty,0)$ 上 $f(x)=x^3\mathrm{e}^x<0$,在 $[0,+\infty)$ 上除 $x=0$ 外 $f(x)=x^3\mathrm{e}^x>0$,而 $\lim\limits_{x\to-\infty}(x^3\mathrm{e}^x)=\lim\limits_{x\to-\infty}\dfrac{x^3}{\mathrm{e}^{-x}}=\lim\limits_{x\to-\infty}\dfrac{(x^3)'}{(\mathrm{e}^{-x})'}=\lim\limits_{x\to-\infty}\dfrac{3x^2}{-\mathrm{e}^{-x}}=$ $\lim\limits_{x\to-\infty}\dfrac{6x}{\mathrm{e}^{-x}}=\lim\limits_{x\to-\infty}\dfrac{6}{-\mathrm{e}^{-x}}=0$,但 $\lim\limits_{x\to+\infty}(x^3\mathrm{e}^x)=+\infty$,故 $\lim\limits_{x\to\infty}(x^3\mathrm{e}^x)$ 不存在,所以, 由推论 2.6.1 知 $\int_{-\infty}^{+\infty} x^3\mathrm{e}^x\mathrm{d}x$ 发散.

(3) 在 $[1,+\infty)$ 上 $f(x)=\dfrac{1}{3x+\sqrt{x}+2}>0$,而 $\lim\limits_{x\to+\infty}\dfrac{1}{3x+\sqrt{x}+2}=0$,故 满足收敛的必要条件,但定理 2.6.1 对这类积分不能判定其发散,又 $\lim\limits_{x\to+\infty}x\dfrac{1}{3x+\sqrt{x}+2}=\dfrac{1}{3}>0$,故由极限审敛法知 $\int_1^{+\infty}\dfrac{\mathrm{d}x}{3x+\sqrt{x}+2}$ 发散.

2.7 形如 $\int_a^{+\infty}\dfrac{f'(x)}{[f(x)]^k}\mathrm{d}x$ 的无穷积分敛散性

2.7.1 定理及证明

对于形如 $\int_a^{+\infty}\dfrac{f'(x)}{[f(x)]^k}\mathrm{d}x$ 的无穷积分,由于 k 的取值不同,所以无穷积分的 敛散性也就不同,计算结果自然也就不同,为了解决这一问题,使其计算简单 化,故此,给出如下定理.

定理 2.7.1 设 $f(x)$ 在 $[a,+\infty)$ 上具有连续导数 $f'(x)$,且 $f(x)>0$,当 $k=1$ 时,则

(1) 如果 $\lim\limits_{x\to+\infty}f(x)=A\neq0$,则 $\int_a^{+\infty}\dfrac{f'(x)}{[f(x)]^k}\mathrm{d}x$ 收敛于 $\ln A-\ln f(a)$;

(2) 如果 $\lim\limits_{x\to+\infty}f(x)=+\infty$,则 $\int_a^{+\infty}\dfrac{f'(x)}{[f(x)]^k}\mathrm{d}x$ 发散.

证 (1) 当 $k = 1$ 时，若 $\lim\limits_{x \to +\infty} f(x) = A \neq 0$，则

$$\int_a^{+\infty} \frac{f'(x)}{[f(x)]^k} \mathrm{d}x = \int_a^{+\infty} \frac{f'(x)}{f(x)} \mathrm{d}x = \int_a^{+\infty} \frac{\mathrm{d}f(x)}{f(x)}$$

$$= [\ln f(x)]_a^{+\infty} = \lim_{x \to +\infty} [\ln f(x) - \ln f(a)]$$

$$= \ln A - \ln f(a),$$

即无穷积分 $\int_a^{+\infty} \dfrac{f'(x)}{[f(x)]^k} \mathrm{d}x$ 收敛于 $\ln A - \ln f(a)$.

(2) 当 $k = 1$ 时，若 $\lim\limits_{x \to +\infty} f(x) = +\infty$，则

$$\int_a^{+\infty} \frac{f'(x)}{[f(x)]^k} \mathrm{d}x = \int_a^{+\infty} \frac{f'(x)}{f(x)} \mathrm{d}x = \int_a^{+\infty} \frac{\mathrm{d}f(x)}{f(x)}$$

$$= [\ln f(x)]_a^{+\infty} = \lim_{x \to +\infty} [\ln f(x) - \ln f(a)]$$

$$= +\infty,$$

即无穷积分 $\int_a^{+\infty} \dfrac{f'(x)}{[f(x)]^k} \mathrm{d}x$ 发散.

定理 2.7.2 设 $f(x)$ 在 $[a, +\infty)$ 上具有连续导数 $f'(x)$，且 $f(x) > 0$，当 $k \neq 1$ 时，则

(1) 如果 $k > 1$（或 $k < 1$）且 $\lim\limits_{x \to +\infty} f(x) = A \neq 0$，则 $\int_a^{+\infty} \dfrac{f'(x)}{[f(x)]^k} \mathrm{d}x$ 收敛于

$\dfrac{1}{1-k}(A^{1-k} - [f(a)]^{1-k})$；

(2) 如果 $k > 1$ 且 $\lim\limits_{x \to +\infty} f(x) = +\infty$，则 $\int_a^{+\infty} \dfrac{f'(x)}{[f(x)]^k} \mathrm{d}x$ 收敛于 $\dfrac{[f(a)]^{1-k}}{k-1}$；

(3) 如果 $k < 1$ 且 $\lim\limits_{x \to +\infty} f(x) = +\infty$，则 $\int_a^{+\infty} \dfrac{f'(x)}{[f(x)]^k} \mathrm{d}x$ 发散.

证 (1) 当 $k \neq 1$ 时，如果 $k > 1$（或 $k < 1$）且 $\lim\limits_{x \to +\infty} f(x) = A \neq 0$，则

$$\int_a^{+\infty} \frac{f'(x)}{[f(x)]^k} \mathrm{d}x = \int_a^{+\infty} \frac{\mathrm{d}f(x)}{[f(x)]^k} = \left[\frac{[f(x)]^{1-k}}{1-k} \right]_a^{+\infty}$$

$$= \lim_{x \to +\infty} \frac{1}{1-k} \{[f(x)]^{1-k} - [f(a)]^{1-k}\}$$

$$= \frac{1}{1-k}(A^{1-k} - [f(a)]^{1-k}),$$

即无穷积分 $\int_a^{+\infty} \dfrac{f'(x)}{[f(x)]^k} \mathrm{d}x$ 收敛于 $\dfrac{1}{1-k}(A^{1-k} - [f(a)]^{1-k})$.

(2) $k \neq 1$ 时,如果 $k > 1$ 且 $\lim\limits_{x \to +\infty} f(x) = +\infty$,则

$$\int_a^{+\infty} \frac{f'(x)}{[f(x)]^k} \mathrm{d}x = \int_a^{+\infty} \frac{\mathrm{d}f(x)}{[f(x)]^k} = \left[\frac{[f(x)]^{1-k}}{1-k} \right]_a^{+\infty}$$

$$= \lim\limits_{x \to +\infty} \frac{1}{1-k} \{ [f(x)]^{1-k} - [f(a)]^{1-k} \}$$

$$= \frac{[f(a)]^{1-k}}{k-1},$$

即无穷积分 $\int_a^{+\infty} \dfrac{f'(x)}{[f(x)]^k} \mathrm{d}x$ 收敛于 $\dfrac{[f(a)]^{1-k}}{k-1}$.

(3) 当 $k \neq 1$ 时,如果 $k < 1$ 且 $\lim\limits_{x \to +\infty} f(x) = +\infty$,则

$$\int_a^{+\infty} \frac{f'(x)}{[f(x)]^k} \mathrm{d}x = \int_a^{+\infty} \frac{\mathrm{d}f(x)}{[f(x)]^k} = \left[\frac{[f(x)]^{1-k}}{1-k} \right]_a^{+\infty}$$

$$= \lim\limits_{x \to +\infty} \frac{1}{1-k} \{ [f(x)]^{1-k} - [f(a)]^{1-k} \}$$

$$= +\infty,$$

无穷积分 $\int_a^{+\infty} \dfrac{f'(x)}{[f(x)]^k} \mathrm{d}x$ 发散.

2.7.2 应用举例

例 1 计算 $\displaystyle\int_a^{+\infty} \frac{\mathrm{d}x}{(1+x^2)(\arctan x)^k}$ $(a > 0)$.

解 因 $\displaystyle\int_a^{+\infty} \frac{\mathrm{d}x}{(1+x^2)(\arctan x)^k} = \int_a^{+\infty} \frac{(\arctan x)' \mathrm{d}x}{(\arctan x)^k}$,故这里 $f(x) =$

$\arctan x$,而 $\lim\limits_{x \to +\infty} f(x) = \lim\limits_{x \to +\infty} \arctan x = \dfrac{\pi}{2} \neq 0$,所以,由定理 2.7.1 的(1) 知当

$k = 1$ 时 $\displaystyle\int_a^{+\infty} \frac{\mathrm{d}x}{(1+x^2)(\arctan x)^k}$ 收敛于 $\ln A - \ln f(a) = \ln \dfrac{\pi}{2} - \ln(\arctan a)$;

由定理 2.7.2 的(1) 知当 $k > 1$ 或 $k < 1$ 时,无穷积分 $\displaystyle\int_a^{+\infty} \frac{\mathrm{d}x}{(1+x^2)(\arctan x)^k}$

收敛于 $\dfrac{1}{1-k} (A^{1-k} - [f(a)]^{1-k}) = \dfrac{1}{1-k} \left[\left(\dfrac{\pi}{2} \right)^{1-k} - (\arctan a)^{1-k} \right]$.

例 2 讨论无穷积分 $\displaystyle\int_1^{+\infty} \frac{\mathrm{d}x}{(\alpha)^{k-1}}$ $(\alpha > 1)$ 的敛散性,如果收敛并求积分值.

解　因无穷积分 $\displaystyle\int_1^{+\infty}\frac{\mathrm{d}x}{(\alpha)^{k-1}}=\int_1^{+\infty}\frac{\alpha^x\ln\alpha\dfrac{1}{\ln\alpha}}{(\alpha^x)^k}\mathrm{d}x=\frac{1}{\ln\alpha}\int_1^{+\infty}\frac{(\alpha^x)'\mathrm{d}x}{(\alpha^x)^k}$，故这里

$f(x)=\alpha^x,a=1$，而 $\displaystyle\lim_{x\to+\infty}f(x)=+\infty$，所以，由定理 2.7.1 的(2)知当 $k=1$ 时，

无穷积分 $\displaystyle\int_1^{+\infty}\frac{(\alpha^x)'\mathrm{d}x}{(\alpha^x)^k}$ 发散，从而知无穷积分 $\displaystyle\int_1^{+\infty}\frac{\mathrm{d}x}{(\alpha)^{k-1}}$ 发散；

由定理 2.7.2 的(2)知，当 $k>1$ 时，无穷积分 $\displaystyle\int_1^{+\infty}\frac{(\alpha^x)'\mathrm{d}x}{(\alpha^x)^k}$ 收敛于 $\dfrac{[f(a)]^{1-k}}{k-1}=$

$\dfrac{(\alpha^1)^{1-k}}{k-1}=\dfrac{1}{(k-1)\alpha^{k-1}}$，所以，无穷积 $\displaystyle\int_1^{+\infty}\frac{\mathrm{d}x}{(\alpha)^{k-1}}$ 收敛于 $\dfrac{1}{\ln\alpha(k-1)\alpha^{k-1}}$；

由定理 2.7.2 的(3)知，当 $k<1$ 时，无穷积分 $\displaystyle\int_1^{+\infty}\frac{(\alpha^x)'\mathrm{d}x}{(\alpha^x)^k}$ 发散，从而知

$\displaystyle\int_1^{+\infty}\frac{\mathrm{d}x}{(\alpha)^{k-1}}$ 发散.

综上所述，当 $k>1$ 时，无穷积分 $\displaystyle\int_1^{+\infty}\frac{\mathrm{d}x}{(\alpha)^{k-1}}$ 收敛于 $\dfrac{1}{\ln\alpha(k-1)\alpha^{k-1}}$；当 $k\leqslant1$

时，无穷积分 $\displaystyle\int_1^{+\infty}\frac{\mathrm{d}x}{(\alpha)^{k-1}}$ 发散.

例 3　当 k 为何值时，无穷积分 $\displaystyle\int_2^{+\infty}\frac{\mathrm{d}x}{x(\ln x)^k}$，(1) 收敛；(2) 发散；(3) 若收

敛求积分值.

解　因 $\displaystyle\int_2^{+\infty}\frac{\mathrm{d}x}{x(\ln x)^k}=\int_2^{+\infty}\frac{(\ln x)'\mathrm{d}x}{(\ln x)^k}$，所以，这里 $f(x)=\ln x,a=2$，而

$\displaystyle\lim_{x\to+\infty}f(x)=\lim_{x\to+\infty}\ln x=+\infty$，所以，由定理 2.7.1 的(2)知，当 $k=1$ 时，无穷积

分 $\displaystyle\int_2^{+\infty}\frac{\mathrm{d}x}{x(\ln x)^k}$ 发散；

由定理 2.7.2 的(2)知，当 $k>1$ 时，无穷积分 $\displaystyle\int_2^{+\infty}\frac{\mathrm{d}x}{x(\ln x)^k}$ 收敛于 $\dfrac{[f(a)]^{1-k}}{k-1}=$

$\dfrac{(\ln 2)^{1-k}}{k-1}=\dfrac{1}{(k-1)(\ln 2)^{k-1}}$；

由定理 2.7.2 的(3)知，当 $k<1$ 时，无穷积分 $\displaystyle\int_2^{+\infty}\frac{\mathrm{d}x}{x(\ln x)^k}$ 发散.

综上所述，(1) 当 $k>1$ 时，无穷积分 $\displaystyle\int_2^{+\infty}\frac{\mathrm{d}x}{x(\ln x)^k}$ 收敛；(2) 当 $k\leqslant1$ 时，无

穷积分 $\int_2^{+\infty} \dfrac{\mathrm{d}x}{x(\ln x)^k}$ 发散；(3) 当 $k > 1$ 时，无穷积分 $\int_2^{+\infty} \dfrac{\mathrm{d}x}{x(\ln x)^k} = \dfrac{\left[f(a)\right]^{1-k}}{k-1} =$

$\dfrac{(\ln 2)^{1-k}}{k-1} = \dfrac{1}{(k-1)(\ln 2)^{k-1}}.$

2.8　反常积分敛散性审敛法的等价定理

2.8.1　审敛法的等价定理及其证明

在积分学中，黎曼（Riemann）积分要求至少满足两个条件：一是积分区间 $[a,b]$ 是有限的；二是被积函数 $f(x)$ 在 $[a,b]$ 上是有界函数；但在许多理论和实际中往往又不满足这些条件，因此，就需要研究无穷区间上或者无界函数的积分问题，这就是反常积分. 所以，对反常积分敛散性进行探讨，非常必要. 为了使反常积分敛散性判断更加灵活方便，因此，给出如下两个极限审敛法的等价定理.

定理 2.8.1　（参考文献 [3] 的极限审敛法 1 的等价定理）设 $f(x)$ 在 $[a, +\infty)$ 上连续，且 $f(x) \geqslant 0$.

(1) 如果存在常数 $p > 1$，使 $f(x) = O\left(\dfrac{1}{x^p}\right)$ $(x \to +\infty)$ 即有界，则 $\int_a^{+\infty} f(x)\mathrm{d}x$ 收敛；

(2) 如果 $f(x)$ 是 $\dfrac{1}{x}$ $(x \to +\infty)$ 的同阶或低阶无穷小，则 $\int_a^{+\infty} f(x)\mathrm{d}x$ 发散.

证　(1) 因 $f(x) = O\left(\dfrac{1}{x^p}\right)$ $(x \to +\infty)$ 即有界，故一定存在常数 $N > 0$，使

$0 \leqslant f(x) \leqslant \dfrac{N}{x^p}$，而 $\int_a^{+\infty} \dfrac{N}{x^p}\mathrm{d}x$ $(p > 1)$ 收敛，由比较准则知 $\int_a^{+\infty} f(x)\mathrm{d}x$ 收敛.

(2) 如果 $f(x)$ 是 $\dfrac{1}{x}$ $(x \to +\infty)$ 的同阶或低阶无穷小 ，则一定存在常数

$N > 0$，使 $f(x) \geqslant \dfrac{N}{x}$，而 $\displaystyle\int_a^{+\infty} \dfrac{N}{x} \mathrm{d}x$ 发散，故由比较准则知 $\displaystyle\int_a^{+\infty} f(x)\mathrm{d}x$ 也发散.

定理 2.8.2（参考文献［3］的极限审敛法 2 的等价定理）设 $f(x)$ 在 $[a,c)\bigcup (c,b]$ 上连续，且 $f(x) \geqslant 0$，$x = c$ 是奇点.

(1) 如果存在常数 $p < 1$，使 $f(x) = O(\dfrac{1}{(x-c)^p})$ $(x \to c^-$ 或 $x \to c^+)$ 即有界，则 $\displaystyle\int_a^c f(x)\mathrm{d}x$ （或 $\displaystyle\int_c^b f(x)\mathrm{d}x$）收敛；

(2) 如果 $f(x)$ 是 $\dfrac{1}{x-c}(x \to c^-$ 或 $x \to c^+)$ 的同阶或高阶无穷大，则 $\displaystyle\int_a^c f(x)\mathrm{d}x$（或 $\displaystyle\int_c^b f(x)\mathrm{d}x$）发散.

证 (1) 因 $f(x) = O\left(\dfrac{1}{(x-c)^p}\right)$ $(x \to c^-$ 或 $x \to c^+)$ 即有界，则一定存在常数 $N > 0$，使 $0 \leqslant f(x) \leqslant \dfrac{N}{(x-c)^p}$，由 $\displaystyle\int_a^c \dfrac{N}{(x-c)^p}\mathrm{d}x$ $(p < 1)$（或 $\displaystyle\int_c^b \dfrac{N}{(x-c)^p}$ $(p < 1)$）收敛，故由比较准则知 $\displaystyle\int_a^c f(x)\mathrm{d}x$（或 $\displaystyle\int_c^b f(x)\mathrm{d}x$ $(p < 1)$）收敛.

(2) 若 $f(x)$ 是 $\dfrac{1}{x-c}$ $(x \to c^-$ 或 $x \to c^+)$ 的同阶或高阶无穷大，则一定存在常数 $N > 0$，使 $f(x) \geqslant \dfrac{N}{x-c}$，而 $\displaystyle\int_a^c \dfrac{N}{x-c}\mathrm{d}x$ （或 $\displaystyle\int_c^b \dfrac{N}{x-c}\mathrm{d}x$）发散，故由比较准则知 $\displaystyle\int_a^c f(x)\mathrm{d}x$（或 $\displaystyle\int_c^b f(x)\mathrm{d}x$）发散.

2.8.2 应用举例

判断下列反常积分的敛散性，如果收敛，计算出积分值：

(1) $\displaystyle\int_0^{+\infty} \dfrac{\mathrm{d}x}{3x + \sqrt{x} + 2}$；

(2) $\displaystyle\int_1^3 \dfrac{\mathrm{d}x}{\ln x}$；

(3) $\displaystyle\int_{-\frac{\pi}{4}}^{-\infty} \dfrac{1}{x^2} \sin \dfrac{1}{x} \mathrm{d}x$；

(4) $\displaystyle\int_0^a \dfrac{\arcsin \dfrac{x}{a}}{\sqrt{a^2 - x_2}} \mathrm{d}x$ $(a > 0)$.

解　(1) 因 $\lim\limits_{x\to+\infty}\dfrac{\dfrac{1}{3x+\sqrt{x}+2}}{\dfrac{1}{x}}=\lim\limits_{x\to+\infty}\dfrac{x}{3x+\sqrt{x}+2}=\dfrac{1}{3}$，所以，

$\dfrac{1}{3x+\sqrt{x}+2}$ 与 $\dfrac{1}{x}$ $(x\to+\infty)$ 是同阶无穷小，故由定理 2.8.1 的 (2) 知

$\displaystyle\int_{0}^{+\infty}\dfrac{\mathrm{d}x}{3x+\sqrt{x}+2}$ 发散.

(2) $x=1$ 是被积函数的奇点，即这里 $c=1$，所以

$$\lim_{x\to1^{+}}\frac{\dfrac{1}{\ln x}}{\dfrac{1}{x-1}}=\lim_{x\to1^{+}}\frac{x-1}{\ln x}=\lim_{x\to1^{+}}\frac{(x-1)'}{(\ln x)'}=\lim_{x\to1^{+}}x=1,$$

故 $\dfrac{1}{\ln x}$ 与 $\dfrac{1}{x}$ 是 $(x\to1^{+})$ 是同阶无穷大，所以，由定理 2.8.2 的 (2) 知 $\displaystyle\int_{1}^{3}\dfrac{\mathrm{d}x}{\ln x}$ 发散.

(3) 令 $x=-t$，则 $\mathrm{d}x=-\mathrm{d}t$，$x=-\dfrac{\pi}{4}$ 时，$t=\dfrac{\pi}{4}$，$x\to-\infty$ 时 $t\to+\infty$，

所以，

$$\int_{-\frac{\pi}{4}}^{-\infty}\frac{1}{x^{2}}\sin\frac{1}{x}\mathrm{d}x=\int_{\frac{\pi}{4}}^{+\infty}\frac{1}{t^{2}}\sin\frac{1}{t}\mathrm{d}t=\int_{\frac{\pi}{4}}^{+\infty}\frac{1}{x^{2}}\sin\frac{1}{x}\mathrm{d}x,$$

而 $\lim\limits_{x\to+\infty}\dfrac{\dfrac{1}{x^{2}}\sin\dfrac{1}{x}}{\dfrac{1}{x^{p}}}=\lim\limits_{x\to+\infty}x^{p-2}\sin\dfrac{1}{x}=0$（$p=2$ 时），故 $\dfrac{1}{x^{2}}\sin\dfrac{1}{x}=O\Big(\dfrac{1}{x^{2}}\Big)$ $(x\to+\infty)$，

所以，由定理 2.8.1 的 (1) 知 $\displaystyle\int_{\frac{\pi}{4}}^{+\infty}\dfrac{1}{x^{2}}\sin\dfrac{1}{x}\mathrm{d}x$ 收敛，从而知 $\displaystyle\int_{-\frac{\pi}{4}}^{-\infty}\dfrac{1}{x^{2}}\sin\dfrac{1}{x}\mathrm{d}x$ 收敛，

$$\int_{-\frac{\pi}{4}}^{-\infty}\frac{1}{x^{2}}\sin\frac{1}{x}\mathrm{d}x=-\int_{-\frac{\pi}{4}}^{-\infty}\sin\frac{1}{x}\mathrm{d}\Big(\frac{1}{x}\Big)=\cos\frac{1}{x}\bigg|_{-\frac{\pi}{4}}^{-\infty}$$

$$=\lim_{b\to-\infty}\bigg[\cos\frac{1}{b}-\cos\bigg(\frac{1}{-\dfrac{\pi}{4}}\bigg)\bigg]$$

$$=1-\cos\frac{4}{\pi},$$

即 $\int_{-\frac{\pi}{4}}^{-\infty} \frac{1}{x^2} \sin \frac{1}{x} \mathrm{d}x = 1 - \cos \frac{4}{\pi}$.

(4) $x = a$ 是奇点, 即这里 $c = a$, 因

$$\lim_{x \to a^-} \frac{\dfrac{\arcsin \dfrac{x}{a}}{\sqrt{a^2 - x^2}}}{\dfrac{1}{(x-a)^p}} = \lim_{x \to a^-} \frac{(x-a)^p \arcsin \dfrac{x}{a}}{\sqrt{a^2 - x^2}}$$

$$= \lim_{x \to a^-} \frac{(-1)^p (a-x)^p \arcsin \dfrac{x}{a}}{\sqrt{(a+x)(a-x)}}$$

$$= \lim_{x \to a^-} \frac{(-1)^p (a-x)^{p-\frac{1}{2}} \sin \dfrac{x}{a}}{\sqrt{a+x}}$$

$$= 0 \ \left(\text{在} \frac{1}{2} < p < 1 \text{ 的范围内存在 } p \text{ 值如} \frac{2}{3} \text{ 使左式成立}\right),$$

所以, $\dfrac{\arcsin \dfrac{x}{a}}{\sqrt{a^2 - x^2}} = O\left(\dfrac{1}{(x-a)^p}\right)$ $\left(x \to a^-, \dfrac{1}{2} < p < 1\right)$, 故由定理 2.8.2 的(1)

知 $\displaystyle\int_0^a \dfrac{\arcsin \dfrac{x}{a}}{\sqrt{a^2 - x^2}}$ 收敛.

$$\int_0^a \frac{\arcsin \dfrac{x}{a}}{\sqrt{a^2 - x^2}} = \lim_{\varepsilon \to 0^+} \int_0^{a-\varepsilon} \arcsin \frac{x}{a} \mathrm{d}\left(\arcsin \frac{x}{a}\right)$$

$$= \lim_{\varepsilon \to 0^+} \left. \frac{\left(\arcsin \dfrac{x}{a}\right)^2}{2} \right|_0^{a-\varepsilon}$$

$$= \lim_{\varepsilon \to 0^+} \frac{\left(\arcsin \dfrac{a-\varepsilon}{a}\right)^2}{2} = \frac{\pi^2}{8}.$$

2.9　Stokes 公式的二重积分形式及应用

2.9.1　基本定理及证明

对于第二型曲面积分 $\iint\limits_{\Sigma} P\,\mathrm{d}y\mathrm{d}z + Q\mathrm{d}z\mathrm{d}x + R\mathrm{d}x\mathrm{d}y$，如果有向曲面 Σ 的方程为 $z = z(x,y)$ 或 $y = y(z,x)$，$x = x(y,z)$，计算上面的曲面积分都比较复杂，因此，下面给出直接用二重积分计算的方法.

定理 2.9.1　设有向曲面 Σ（取上侧）是由方程 $z = z(x,y)$ 给出的，Σ^- 表示曲面取下侧，且 Σ 在 xOy 坐标面上的投影区域为 D_{xy}，$z = z(x,y)$ 在 D_{xy} 上具有一阶连续偏导数，$P(x,y,z)$，$Q(x,y,z)$，$R(x,y,z)$ 在 Σ 上连续，则

（1）$\iint\limits_{\Sigma} P\,\mathrm{d}y\mathrm{d}z + Q\mathrm{d}z\mathrm{d}x + R\mathrm{d}x\mathrm{d}y = \iint\limits_{D_{xy}} \{R[x,y,z(x,y)] - P[x,y,z(x,y)]$
$z_x - Q[x,y,z(x,y)]z_y\}\mathrm{d}x\mathrm{d}y$；

（2）$\iint\limits_{\Sigma^-} P\,\mathrm{d}y\mathrm{d}z + Q\mathrm{d}z\mathrm{d}x + R\mathrm{d}x\mathrm{d}y = -\iint\limits_{D_{xy}} \{R[x,y,z(x,y)] - P[x,y,z(x,$
$y)]z_x - Q[x,y,z(x,y)]z_y\}\mathrm{d}x\mathrm{d}y$.

证　（1）由于 $\iint\limits_{\Sigma} P\,\mathrm{d}y\mathrm{d}z + Q\mathrm{d}z\mathrm{d}x + R\mathrm{d}x\mathrm{d}y = \iint\limits_{\Sigma}(P\cos\alpha + Q\cos\beta + R\cos\gamma)\mathrm{d}s$，又 Σ 表示取上侧的曲面，则可取

$$\cos\alpha = \frac{-z_x}{\sqrt{1 + z_x^2 + z_y^2}},\ \cos\beta = \frac{-z_y}{\sqrt{1 + z_x^2 + z_y^2}},\ \cos\gamma = \frac{1}{\sqrt{1 + z_x^2 + z_y^2}},$$

所以有

$$\iint\limits_{\Sigma}(P\cos\alpha+Q\cos\beta+R\cos\gamma)\mathrm{d}s=\iint\limits_{\Sigma}\left(P\,\frac{\cos\alpha}{\cos\gamma}+Q\,\frac{\cos\beta}{\cos\gamma}+R\right)\cos\gamma\mathrm{d}s$$

$$=\iint\limits_{\Sigma}[P(-z_x)+Q(-z_y)+R]\cos\gamma\mathrm{d}s$$

$$=\iint\limits_{D_{xy}}\{R[x,y,z(x,y)]-P[x,y,z(x,y)]z_x-$$

$$Q[x,y,z(x,y)]z_y\}\mathrm{d}x\mathrm{d}y.$$

即

$$\iint\limits_{\Sigma}P\mathrm{d}y\mathrm{d}z+Q\mathrm{d}z\mathrm{d}x+R\mathrm{d}x\mathrm{d}y=\iint\limits_{D_{xy}}\{R[x,y,z(x,y)]-P[x,y,z(x,y)]z_x-$$

$$Q[x,y,z(x,y)]z_y\}\mathrm{d}x\mathrm{d}y.$$

(2) 当积分曲面为 Σ^- 时,

$$\cos\alpha=\frac{z_x}{\sqrt{1+z_x^2+z_y^2}},\ \cos\beta=\frac{z_y}{\sqrt{1+z_x^2+z_y^2}},\ \cos\gamma=\frac{-1}{\sqrt{1+z_x^2+z_y^2}},$$

则有

$$\iint\limits_{\Sigma}P\mathrm{d}y\mathrm{d}z+Q\mathrm{d}z\mathrm{d}x+R\mathrm{d}x\mathrm{d}y=-\iint\limits_{D_{xy}}\{R[x,y,z(x,y)]-P[x,y,z(x,y)]z_x-$$

$$Q[x,y,z(x,y)]z_y\}\mathrm{d}x\mathrm{d}y.$$

如果 Σ(表示取右侧或前侧) 的方程为 $y=y(z,x)$ 或 $x=x(y,z)$ 时,可得到相应的计算公式

$$\iint\limits_{\Sigma}P\mathrm{d}y\mathrm{d}z+Q\mathrm{d}z\mathrm{d}x+R\mathrm{d}x\mathrm{d}y=\iint\limits_{D_{zx}}\{Q[x,y(z,x),z]-P[x,y(z,x),z]y_x-$$

$$R[x,y(z,x),z]y_z\}\mathrm{d}x\mathrm{d}z$$

或

$$\iint\limits_{\Sigma}P\mathrm{d}y\mathrm{d}z+Q\mathrm{d}z\mathrm{d}x+R\mathrm{d}x\mathrm{d}y=\iint\limits_{D_{yz}}\{P[x(y,z),y,z]-Q[x(y,z),y,z]x_y-$$

$$R[x(y,z),y,z]x_z\}\mathrm{d}y\mathrm{d}z.$$

如果积分曲面为 Σ^- 时与上面积分仅差一个符号.

定理 2.9.2 设 Γ 为分段光滑的空间有向闭曲线,Σ(取上侧)是以 Γ 为边界的分片光滑有向曲面,其方程为 $z=z(x,y)$,且 Γ 的正方向与 Σ 的法向量符合右

手法则，P,Q,R 在 Σ（连同边界 Γ）上具有一阶连续偏导数，$z=z(x,y)$ 在 Σ 的投影区域 D_{xy} 上也具有一阶连续偏导数，则

$$\oint_{\Gamma} P\,\mathrm{d}x + Q\,\mathrm{d}y + R\,\mathrm{d}z = \iint_{D_{xy}} \begin{vmatrix} -z_x & -z_y & 1 \\ \dfrac{\partial}{\partial x} & \dfrac{\partial}{\partial y} & \dfrac{\partial}{\partial z} \\ P & Q & R \end{vmatrix} \mathrm{d}x\mathrm{d}y.\quad（即 Stokes 公式的二重$$

积分形式）

证　由 Stokes 公式可得

$$\oint_{\Gamma} P\,\mathrm{d}x + Q\,\mathrm{d}y + R\,\mathrm{d}z = \iint_{D_{xy}} \begin{vmatrix} \mathrm{d}y\mathrm{d}z & \mathrm{d}z\mathrm{d}x & \mathrm{d}x\mathrm{d}y \\ \dfrac{\partial}{\partial x} & \dfrac{\partial}{\partial y} & \dfrac{\partial}{\partial z} \\ P & Q & R \end{vmatrix}$$

$$= \iint_{\Sigma} \left(\frac{\partial R}{\partial y} - \frac{\partial Q}{\partial z} \right)\mathrm{d}y\mathrm{d}z + \left(\frac{\partial P}{\partial z} - \frac{\partial R}{\partial x} \right)\mathrm{d}z\mathrm{d}x +$$

$$\left(\frac{\partial Q}{\partial x} - \frac{\partial P}{\partial y} \right)\mathrm{d}x\mathrm{d}y,$$

由于 Σ 的方程为 $z=z(x,y)$，故由定理 2.9.1 的（1）得

$$\iint_{\Sigma} \left(\frac{\partial R}{\partial y} - \frac{\partial Q}{\partial z} \right)\mathrm{d}y\mathrm{d}z + \left(\frac{\partial P}{\partial z} - \frac{\partial R}{\partial x} \right)\mathrm{d}z\mathrm{d}x + \left(\frac{\partial Q}{\partial x} - \frac{\partial P}{\partial y} \right)\mathrm{d}x\mathrm{d}y$$

$$= \iint_{D_{xy}} \left[\left(\frac{\partial Q}{\partial x} - \frac{\partial P}{\partial y} \right) - \left(\frac{\partial R}{\partial y} - \frac{\partial Q}{\partial z} \right)z_x - \left(\frac{\partial P}{\partial z} - \frac{\partial R}{\partial x} \right)z_y \right]\mathrm{d}x\mathrm{d}y$$

$$= \iint_{D_{xy}} \begin{vmatrix} -z_x & -z_y & 1 \\ \dfrac{\partial}{\partial x} & \dfrac{\partial}{\partial y} & \dfrac{\partial}{\partial z} \\ P & Q & R \end{vmatrix} \mathrm{d}x\mathrm{d}y,$$

即

$$\oint_{\Gamma} P\,\mathrm{d}x + Q\,\mathrm{d}y + R\,\mathrm{d}z = \iint_{D_{xy}} \begin{vmatrix} -z_x & -z_y & 1 \\ \dfrac{\partial}{\partial x} & \dfrac{\partial}{\partial y} & \dfrac{\partial}{\partial z} \\ P & Q & R \end{vmatrix} \mathrm{d}x\mathrm{d}y.$$

如果 Σ（表示取右侧或前侧）的方程为 $y=y(z,x)$ 或 $x=x(y,z)$ 时，得到相应的计算公式

$$\oint_\Gamma P\,\mathrm{d}x + Q\,\mathrm{d}y + R\,\mathrm{d}z = \iint_{D_{zx}} \begin{vmatrix} -y_x & 1 & -y_z \\ \dfrac{\partial}{\partial x} & \dfrac{\partial}{\partial y} & \dfrac{\partial}{\partial z} \\ P & Q & R \end{vmatrix} \mathrm{d}x\,\mathrm{d}z$$

或

$$\oint_\Gamma P\,\mathrm{d}x + Q\,\mathrm{d}y + R\,\mathrm{d}z = \iint_{D_{yz}} \begin{vmatrix} 1 & -x_y & -x_z \\ \dfrac{\partial}{\partial x} & \dfrac{\partial}{\partial y} & \dfrac{\partial}{\partial z} \\ P & Q & R \end{vmatrix} \mathrm{d}y\,\mathrm{d}z.$$

如果以 Γ 为边界的分片光滑有向曲面为 Σ^- 时与上面积分也仅差一个符号.

2.9.2 应用举例

例 1 计算 $\iint\limits_\Sigma x\,\mathrm{d}y\mathrm{d}z + y\,\mathrm{d}z\mathrm{d}x + z\,\mathrm{d}x\mathrm{d}y$,其中 Σ 为半球面 $z = \sqrt{R^2 - x^2 - y^2}$

的上侧.

解 这里 $P = x$, $Q = y$, $R = z$, Σ 的方程为 $z = \sqrt{R^2 - x^2 - y^2}$,所以,

$$z_x = \frac{-x}{\sqrt{R^2 - x^2 - y^2}}, \quad z_y = \frac{-y}{\sqrt{R^2 - x^2 - y^2}},$$

故由定理 2.9.1 的(1) 得

$$\iint\limits_\Sigma x\,\mathrm{d}y\mathrm{d}z + y\,\mathrm{d}z\mathrm{d}x + z\,\mathrm{d}x\mathrm{d}y$$

$$= \iint\limits_{D_{xy}} \left(\sqrt{R^2 - x^2 - y^2} - xz_x - yz_y \right) \mathrm{d}x\mathrm{d}y$$

$$= \iint\limits_{D_{xy}} \left(\sqrt{R^2 - x^2 - y^2} + \frac{x^2}{\sqrt{R^2 - x^2 - y^2}} + \frac{y^2}{\sqrt{R^2 - x^2 - y^2}} \right) \mathrm{d}x\mathrm{d}y$$

$$= \iint\limits_{D_{xy}} \frac{R^2 - x^2 - y^2 + x^2 + y^2}{\sqrt{R^2 - x^2 - y^2}} \mathrm{d}x\mathrm{d}y$$

$$= R^2 \iint\limits_{D_{xy}} \frac{\mathrm{d}x\mathrm{d}y}{\sqrt{R^2 - x^2 - y^2}},$$

而曲面 Σ 在 xOy 坐标面上的投影区域 D_{xy} 在极坐标下可表示为 $\begin{cases} 0 \leqslant \rho \leqslant R, \\ 0 \leqslant \theta \leqslant 2\pi \end{cases}$,

所以

$$\iint\limits_{D_{xy}} \frac{\mathrm{d}x\mathrm{d}y}{\sqrt{R^2 - x^2 - y^2}} = \int_0^{2\pi} \mathrm{d}\theta \int_0^R \frac{\rho\mathrm{d}\rho}{\sqrt{R^2 - \rho^2}}$$

$$= -\frac{1}{2} \int_0^{2\pi} \mathrm{d}\theta \int_0^R (R^2 - \rho^2)^{-\frac{1}{2}} \mathrm{d}(R^2 - \rho^2)$$

$$= 2\pi R,$$

故 $R^2 \iint\limits_{D_{xy}} \dfrac{\mathrm{d}x\mathrm{d}y}{\sqrt{R^2 - x^2 - y^2}} = 2\pi R^3$,即 $\iint\limits_{\Sigma} x\,\mathrm{d}y\mathrm{d}z + y\mathrm{d}z\mathrm{d}x + z\mathrm{d}x\mathrm{d}y = 2\pi R^3$.

例 2 计算 $\oint_\Gamma 3y\mathrm{d}x - xz\mathrm{d}y + yz^2\mathrm{d}z$,其中 Γ 为圆周 $\begin{cases} x^2 + y^2 = 2z \\ z = 2 \end{cases}$,若从 z 轴

正向看去,圆周是取逆时针方向.

解 这里 $P = 3y$,$Q = -xz$,$R = yz^2$,取 Σ 为 $x^2 + y^2 = 2z$ 被曲线 Γ 割

得下部分(取上侧),即 $z = \dfrac{x^2 + y^2}{2}$($z \leqslant 2$)部分(取上侧),而 $z_x = x, z_y = y$,故

由定理 2.9.2 知

$$\oint_\Gamma 3y\mathrm{d}x - xz\mathrm{d}y + yz^2\mathrm{d}z = \iint\limits_{D_{xy}} \begin{vmatrix} -z_x & -z_y & 1 \\ \dfrac{\partial}{\partial x} & \dfrac{\partial}{\partial y} & \dfrac{\partial}{\partial z} \\ P & Q & R \end{vmatrix} \mathrm{d}x\mathrm{d}y$$

$$= \iint\limits_{D_{xy}} \begin{vmatrix} -x & -y & 1 \\ \dfrac{\partial}{\partial x} & \dfrac{\partial}{\partial y} & \dfrac{\partial}{\partial z} \\ 3y & -xz & yz^2 \end{vmatrix} \mathrm{d}x\mathrm{d}y$$

$$= \iint\limits_{D_{xy}} [-x(z^2 + x) + (-z - 3)]\mathrm{d}x\mathrm{d}y$$

$$= -\iint\limits_{D_{xy}} \left(x\frac{(x^2 + y^2)^2}{4} + x^2 + \frac{x^2 + y^2}{2} + 3 \right)\mathrm{d}x\mathrm{d}y.$$

而曲面 Σ 在 xOy 坐标面上的投影区域 D_{xy} 为 $x^2 + y^2 \leqslant 4$,故在极坐标下可表示

为 $\begin{cases} 0 \leqslant \rho \leqslant 2 \\ 0 \leqslant \theta \leqslant 2\pi \end{cases}$,因此

$$-\iint\limits_{D_{xy}}(x\,\frac{(x^2+y^2)^2}{4}+x^2+\frac{x^2+y^2}{2}+3)\mathrm{d}x\mathrm{d}y$$

$$=-\int_0^{2\pi}\mathrm{d}\theta\int_0^2(\frac{\rho^5}{4}\cos\theta+\rho^2\cos^2\theta+\frac{\rho^2}{2}+3)\rho\mathrm{d}\rho$$

$$=-\int_0^{2\pi}(\frac{2^5}{7}\cos\theta+2^2\cos^2\theta+8\,)\mathrm{d}\theta=-(4\pi+16\pi)=-20\pi,$$

即 $\oint_\Gamma 3y\mathrm{d}x-xz\mathrm{d}y+yz^2\mathrm{d}z=-20\pi.$

2.10* 用亚纯函数的留数计算曲线（实）积分

2.10.1 基本定理（证明）及推论

在复变函数中，复积分是重要的内容之一，而计算复积分经常用亚纯函数的留数计算，复积分与曲线（实）积分又有着密切联系，因此，要借助于留数计算曲线（实）积分，那么应满足什么样的条件呢？于是给出如下定理.

定理 2.10.1 设曲线 c 是一条简单光滑曲线，如果在曲线 c 上复变函数 $f(z)$ 连续，且 $f(z)$ 与 $\dfrac{\mathrm{d}z}{\mathrm{d}\theta}$ 之积 $f(z)\,\dfrac{\mathrm{d}z}{\mathrm{d}\theta}$ 的辐角主值为定值（θ 为 z 的辐角），则

$$\left|\int_c f(z)\mathrm{d}z\right|=\int_c|f(z)|\,|\mathrm{d}z|.$$

证 因复变函数 $f(z)$ 在简单光滑曲线 c 上连续，且 $f(z)$ 与 $\dfrac{\mathrm{d}z}{\mathrm{d}\theta}$ 之积 $f(z)\,\dfrac{\mathrm{d}z}{\mathrm{d}\theta}$ 的辐角主值为定值，因此不妨设

$$f(z)\,\frac{\mathrm{d}z}{\mathrm{d}\theta}=\left|f(z)\,\frac{\mathrm{d}z}{\mathrm{d}\theta}\right|(\cos\varphi_0+\mathrm{i}\sin\varphi_0)$$

$$=|f(z)|\left|\frac{\mathrm{d}z}{\mathrm{d}\theta}\right|(\cos\varphi_0+\mathrm{i}\sin\varphi_0)\quad（\varphi_0\text{ 为定值}），$$

故此，

$$\pm f(z)\mathrm{d}z = |f(z)||\mathrm{d}z|(\cos\varphi_0 + \mathrm{i}\sin\varphi_0),$$

所以，

$$\pm \int_c f(z)\mathrm{d}z = \pm \int_c |f(z)||\mathrm{d}z|(\cos\varphi_0 + \mathrm{i}\sin\varphi_0)$$

$$= (\cos\varphi_0 + \mathrm{i}\sin\varphi_0)\int_c |f(z)||\mathrm{d}z|,$$

故

$$\left|\int_c f(z)\mathrm{d}z\right| = \left|(\cos\varphi_0 + \mathrm{i}\sin\varphi_0)\int_c |f(z)||\mathrm{d}z|\right| = \left|\int_c |f(z)||\mathrm{d}z|\right|,$$

因 $|f(z)||\mathrm{d}z|$ 是 $f(z)\mathrm{d}z$ 的模，故 $\int_c |f(z)||\mathrm{d}z|$ 是 $(\cos\varphi_0 + \mathrm{i}\sin\varphi_0)\int_c |f(z)||\mathrm{d}z|$ 的

模，而 $\left|\int_c |f(z)||\mathrm{d}z|\right|$ 就表示 $(\cos\varphi_0 + \mathrm{i}\sin\varphi_0)\int_c |f(z)||\mathrm{d}z|$ 的模，故有

$\left|\int_c |f(z)||\mathrm{d}z|\right| = \int_c |f(z)||\mathrm{d}z|$ ，即 $\left|\int_c f(z)\mathrm{d}z\right| = \int_c |f(z)||\mathrm{d}z|$ ．

定理 2.10.2 设曲线 c 是一条简单光滑闭曲线，如果在由曲线 c 围成的区域 D 内存在简单光滑闭曲线 c_0，且复变函数 $f(z)$ 在闭曲线 c_0 上满足定理2.10.1的条件，则在由曲线 c 和曲线 c_0 围成的复连通闭区域 $\overline{D}$ 上的解析函数 $f(z)$ 有

$\left|\int_c f(z)\mathrm{d}z\right| = \int_{c_0} |f(z)||\mathrm{d}z|$ 成立．

证 因函数 $f(z)$ 在复连通闭区域 $\overline{D}$ 上的解析，则 $\int_c f(z)\mathrm{d}z = \int_{c_0} f(z)\mathrm{d}z$，又 $f(z)$ 在

曲线 c_0 上满定理 2.10.1 的条件，所以由定理 2.10.1 得 $\left|\int_{c_0} f(z)\mathrm{d}z\right| = \int_{c_0} |f(z)||\mathrm{d}z|$，

而又 $\left|\int_c f(z)\mathrm{d}z\right| = \left|\int_{c_0} f(z)\mathrm{d}z\right|$，故此 $\left|\int_c f(z)\mathrm{d}z\right| = \int_{c_0} |f(z)||\mathrm{d}z|$．

由于 $|\mathrm{d}z| = \mathrm{d}s$ 表示曲线弧微分，于是在满足定理2.10.1条件的前提下，可得到如下推论．

推论 2.10.1 若在简单光滑闭曲线 c 上有二元（实）函数 $g(x,y) = |f(z)|$，$f(z)$ 是在由简单闭曲线 c 围成的单连通区域 D 内只有有限个孤立奇点 $z_1,z_2,\cdots,z_n$ 的亚纯函数，则曲线（实）积分

$$\int_c g(x,y)\mathrm{d}s = \left|\int_c f(z)\mathrm{d}z\right| = \left|2\pi\mathrm{i}\sum_{k=1}^n \mathrm{Res}(f,z_k)\right|.$$

证 因在 D 上有二元（实）函数 $g(x,y) = |f(z)|$，而 $|\mathrm{d}z| = \mathrm{d}s$ 表示曲线

弧微分,且满足定理 1 的条件,所以

$$\left| \int_c f(z) \mathrm{d}z \right| = \int_c |f(z)| \, |\mathrm{d}z| = \int_c g(x,y) \mathrm{d}s,$$

而由简单闭曲线 c 围成的单连通区域上只有有限个孤立奇点 $z_1, z_2, \cdots, z_n$ 的亚纯函数 $f(z)$ 沿闭曲线 c 的复积分

$$\int_c f(z) \mathrm{d}z = 2\pi\mathrm{i} \sum_{k=1}^n \mathrm{Res}(f, z_k),$$

所以,

$$\int_c g(x,y) \mathrm{d}s = \left| \int_c f(z) \mathrm{d}z \right| = \left| 2\pi\mathrm{i} \sum_{k=1}^n \mathrm{Res}(f, z_k) \right|.$$

2.10.2 应用举例

例 1 计算曲线积分 $\displaystyle\int_c \frac{\mathrm{d}s}{\sqrt{x^2+y^2-4y+4}}$,其中曲线 c 是圆:$x^2+(y-2)^2 = R^2 (R>0)$.

解 令复变函数 $f(z) = \dfrac{1}{z-2\mathrm{i}}$ (其中 $z = x+y\mathrm{i}$),则

$$g(x,y) = |f(z)| = \left| \frac{1}{z-2\mathrm{i}} \right| = \frac{1}{\sqrt{x^2+y^2-4y+4}}.$$

所以,复变函数 $f(z) = \dfrac{1}{z-2\mathrm{i}}$ 在 c 上连续,且可设 $z-2\mathrm{i} = R\mathrm{e}^{\mathrm{i}\theta}$,则

$$\mathrm{d}z = R\mathrm{i}\mathrm{e}^{\mathrm{i}\theta} \mathrm{d}\theta, \quad f(z)\frac{\mathrm{d}z}{\mathrm{d}\theta} = \frac{1}{z-2\mathrm{i}}\frac{\mathrm{d}z}{\mathrm{d}\theta} = \frac{1}{R\mathrm{e}^{\mathrm{i}\theta}}R\mathrm{i}\mathrm{e}^{\mathrm{i}\theta} = \mathrm{i},$$

所以,$f(z)\dfrac{\mathrm{d}z}{\mathrm{d}\theta} = \mathrm{i}$ 的辐角主值为定值 $\dfrac{\pi}{2}$,故由定理 2.10.1 知

$$\left| \int_c \frac{1}{z-2\mathrm{i}}\mathrm{d}z \right| = \int_c \left| \frac{1}{z-2\mathrm{i}} \right| \, |\mathrm{d}z| = \int_c \frac{\mathrm{d}s}{\sqrt{x^2+y^2-4y+4}}.$$

又 $2\mathrm{i}$ 是复变函数 $f(z) = \dfrac{1}{z-2\mathrm{i}}$ 的孤立奇点,所以由推论 2.10.1 知

$$\int_c \frac{\mathrm{d}s}{\sqrt{x^2+y^2-4y+4}} = \left| \int_c \frac{1}{z-2\mathrm{i}}\mathrm{d}z \right| = |2\pi\mathrm{i}\mathrm{Res}(f, 2\mathrm{i})| = |2\pi\mathrm{i}| = 2\pi.$$

第三章 级数审敛法的等价定理研究

3.1 正项级数审敛法的等价定理及其证明

3.1.1 等价定理及证明

由于使用积分准则判定正项级数的敛散性时,必须借助于反常积分的敛散性,有时判定起来不但不方便,甚至非常困难,故此,给出如下的等价定理.

定理 3.1.1(积分准则等价定理) 设正项级数 $\sum\limits_{n=1}^{\infty} a_n$,

(1) 如果存在常数 $p > 1$,使 $a_n = O\left(\dfrac{1}{n^p}\right)$ $(n \to \infty)$ 即有界,则级数 $\sum\limits_{n=1}^{\infty} a_n$ 收敛;

(2) 如果 a_n 是 $\dfrac{1}{n}$ $(n \to \infty)$ 的同阶或低阶无穷小,则级数 $\sum\limits_{n=1}^{\infty} a_n$ 发散.

证 (1) 因 $a_n = O\left(\dfrac{1}{n^p}\right)$ $(n \to \infty)$ 且 $p > 1$,则一定存在常数 $N > 0$,使 $a_n \leqslant \dfrac{N}{n^p}$,而 $\sum\limits_{n=1}^{\infty} \dfrac{N}{n^p}$ $(p > 1)$ 收敛,由比较法知,$\sum\limits_{n=1}^{\infty} a_n$ 收敛.

(2) 若 a_n 是 $\dfrac{1}{n}$ $(n \to \infty)$ 的同阶或低阶无穷小,则一定存在常数 $N > 0$,使

$a_n \geqslant \dfrac{N}{n}$，而 $\displaystyle\sum_{n=1}^{\infty} \dfrac{N}{n}$ 发散，由比较法知，$\displaystyle\sum_{n=1}^{\infty} a_n$ 发散.

用根值法判定正项级数 $\displaystyle\sum_{n=1}^{\infty} a_n$ 的敛散性，要根据 $\displaystyle\lim_{n\to\infty} \sqrt[n]{a_n}$ 的值大于或小于 1 来判定，有时不如判断 $\displaystyle\lim_{n\to\infty} \dfrac{\ln a_n}{n}$ 的符号容易，故此，下面给出了根值法的等价定理.

定理 3.1.2（根值法等价定理）设正项级数 $\displaystyle\sum_{n=1}^{\infty} a_n$，且 $a_n > 0$，

(1) 如果 $\displaystyle\lim_{n\to\infty} \dfrac{\ln a_n}{n} < 0$，则 $\displaystyle\sum_{n=1}^{\infty} a_n$ 收敛；

(2) 如果 $\displaystyle\lim_{n\to\infty} \dfrac{\ln a_n}{n} > 0$，则 $\displaystyle\sum_{n=1}^{\infty} a_n$ 发散；

(3) 如果 $\displaystyle\lim_{n\to\infty} \dfrac{\ln a_n}{n} = 0$，则 $\displaystyle\sum_{n=1}^{\infty} a_n$ 可能收敛，也可能发散.

证　(1) 若 $\displaystyle\lim_{n\to\infty} \dfrac{\ln a_n}{n} < 0$，一定 $\exists N \in \mathbf{N}^+$，对一切 $n > N$ 时，恒有 $\dfrac{\ln a_n}{n} < 0$，即 $\ln a_n^{\frac{1}{n}} < 0$，所以 $a_n^{\frac{1}{n}} < 1$，取 q 满足 $a_n^{\frac{1}{n}} < q < 1$，则 $a_n < q^n$，而 $\displaystyle\sum_{n=1}^{\infty} q^n$ 收敛，所以由比较法知，$\displaystyle\sum_{n=1}^{\infty} a_n$ 收敛.

(2) 若 $\displaystyle\lim_{n\to\infty} \dfrac{\ln a_n}{n} > 0$，一定 $\exists N \in \mathbf{N}^+$，对一切 $n > N$ 时，恒有 $\dfrac{\ln a_n}{n} > 0$，即 $\ln a_n^{\frac{1}{n}} > 0$，所以 $a_n^{\frac{1}{n}} > 1$，取 q 满足 $a_n^{\frac{1}{n}} > q > 1$，则 $a_n > q^n$，而 $\displaystyle\sum_{n=1}^{\infty} q^n$ 发散，所以由比较法知，$\displaystyle\sum_{n=1}^{\infty} a_n$ 发散.

(3) 若 $\displaystyle\lim_{n\to\infty} \dfrac{\ln a_n}{n} = 0$，则有 $\displaystyle\lim_{n\to\infty} a_n^{\frac{1}{n}} = 1$，级数 $\displaystyle\sum_{n=1}^{\infty} \dfrac{1}{n^2}$ 与 $\displaystyle\sum_{n=1}^{\infty} \dfrac{1}{n}$ 的敛散性说明判别法失效.

3.1.2　应用举例

例 1　判定级数 $\displaystyle\sum_{n=1}^{\infty} \sin \dfrac{1}{n}$ 的敛散性.

解 因 $\lim\limits_{n\to\infty}\dfrac{\sin\frac{1}{n}}{\frac{1}{n}}=1$，所以 $\sin\frac{1}{n}$ 是 $\frac{1}{n}$ $(n\to\infty)$ 的同阶无穷小，故由定理

3.1.1 的(2)知，级数 $\sum\limits_{n=1}^{\infty}\sin\dfrac{1}{n}$ 发散.

例 2 判定级数 $\sum\limits_{n=1}^{\infty}\left(\dfrac{n}{2n+1}\right)^n$ 的敛散性.

解 因 $\lim\limits_{n\to\infty}\dfrac{\ln a_n}{n}=\lim\limits_{n\to\infty}\dfrac{\ln\left(\frac{n}{2n+1}\right)^n}{n}=\lim\limits_{n\to\infty}\dfrac{n\ln\frac{n}{2n+1}}{n}=\ln\dfrac{1}{2}<0$，故由定

理 3.1.2 的(1)知，级数 $\sum\limits_{n=1}^{\infty}\left(\dfrac{n}{2n+1}\right)^n$ 收敛.

例 3 判定级数 $\sum\limits_{n=1}^{\infty}\dfrac{1}{2^n}\left(1+\dfrac{1}{n}\right)^{n^2}$ 的敛散性.

解 因 $\lim\limits_{n\to\infty}\dfrac{\ln a_n}{n}=\lim\limits_{n\to\infty}\dfrac{\ln\frac{1}{2^n}\left(1+\frac{1}{n}\right)^{n^2}}{n}=\lim\limits_{n\to\infty}\dfrac{n\ln\frac{1}{2}\left(1+\frac{1}{n}\right)^n}{n}=\ln\dfrac{\mathrm{e}}{2}>0$，

故由定理 3.1.2 的(2)知，级数 $\sum\limits_{n=1}^{\infty}\dfrac{1}{2^n}\left(1+\dfrac{1}{n}\right)^{n^2}$ 发散.

3.2 魏尔斯特拉斯（Weierstrass）判别法的等价定理

3.2.1 等价定理及其证明

在高等数学中，函数项级数是重要内容之一，判断其敛散性时，通常用 Weierstrass 判别法（M 判别法）来判断一致收敛性，从而判断函数项级数的敛散性，为了使判断更加灵活，于是给出它的等价定理.

定理 3.2.1（Weierstrass 判别法的等价定理）设函数项级数 $\sum\limits_{n=1}^{\infty}u_n(x)$，对于

$x \in D$ 的一般项 $u_n(x)$，如果存在正数 $p > 1$，使 $|u_n(x)| = O\left(\dfrac{1}{n^p}\right)$ $(n \to \infty)$ 即有界，则函数项级数 $\sum\limits_{n=1}^{\infty} u_n(x)$ 在 D 上一致收敛.

证　如果 $x \in D$，$\exists p > 1$ 使 $|u_n(x)| = O\left(\dfrac{1}{n^p}\right)$ $(n \to \infty)$ 即有界，则一定存在正数 M，使 $|u_n(x)| \leqslant \dfrac{M}{n^p}$，而 $\sum\limits_{n=1}^{\infty} \dfrac{M}{n^p}$ $(p > 1)$ 收敛，所以，由 Cauchy 收敛原理知，$\forall \varepsilon > 0$，$\exists N \in \mathbf{N}^+$，使得 $\forall l \in \mathbf{N}^+$，当 $n > N$ 时，恒有 $\left| \sum\limits_{k=n+1}^{n+l} |u_k(x)| \right| \leqslant$ $\left| \sum\limits_{k=n+1}^{n+l} \dfrac{M}{k^p} \right| < \varepsilon$，而 $\left| \sum\limits_{k=n+1}^{n+l} u_k(x) \right| \leqslant \sum\limits_{k=n+1}^{n+l} |u_k(x)|$，因此，$\left| \sum\limits_{k=n+1}^{n+l} u_k(x) \right| < \varepsilon$，所以，由 Cauchy 一致收敛原理知，$\sum\limits_{n=1}^{\infty} u_n(x)$ 在 D 上一致收敛.

定理 3.2.2　设函数项级数 $\sum\limits_{n=1}^{\infty} u_n(x)$，对于 $x \in D$ 的每一项 $u_n(x) \geqslant 0$，如果 $u_n(x)$ 是 $\dfrac{1}{n}$ $(n \to \infty)$ 的同阶或低阶无穷小，则函数项级数 $\sum\limits_{n=1}^{\infty} u_n(x)$ 在 D 上发散.

证　如果 $x \in D$，$u_n(x)$ 是 $\dfrac{1}{n}$ $(n \to \infty)$ 的同阶或低阶无穷小，则一定存在正数 M 使 $u_n(x) \geqslant \dfrac{M}{n}$，而 $\sum\limits_{n=1}^{\infty} \dfrac{M}{n}$ 发散，由 Cauchy 收敛原理知，$\forall \varepsilon > 0$，一定 $\exists l \in \mathbf{N}^+$，使得 $\forall n \in \mathbf{N}^+$，都有 $\left| \sum\limits_{k=n+1}^{n+l} \dfrac{M}{k} \right| \geqslant \varepsilon$，从而得 $\left| \sum\limits_{k=n+1}^{n+l} u_k(x) \right| \geqslant$ $\left| \sum\limits_{k=n+1}^{n+l} \dfrac{M}{k} \right| \geqslant \varepsilon$，即 $\left| \sum\limits_{k=n+1}^{n+l} u_k(x) \right| \geqslant \varepsilon$，又因 $u_n(x) \geqslant 0$，所以，$\sum\limits_{n=n+1}^{n+l} u_k(x) \geqslant \varepsilon$，故函数项级数 $\sum\limits_{n=1}^{\infty} u_n(x)$ 在 D 上无界，因此，函数项级数 $\sum\limits_{n=1}^{\infty} u_n(x)$ 在 D 上发散.

3.2.2　应用举例

例 1　判断函数项级数 $\sum\limits_{n=1}^{\infty} \dfrac{\sin nx}{n^2}$ 在 $(-\infty, +\infty)$ 上的敛散性.

解 因在 $(-\infty, +\infty)$ 上 $\lim\limits_{n\to\infty} \dfrac{\left|\dfrac{\sin nx}{n^2}\right|}{\dfrac{1}{n^p}} = \lim n^{p-2}|\sin nx| = |\sin nx| \leqslant 1$

($p=2$ 时)，故此，存在 $p>1$，使 $\left|\dfrac{\sin nx}{n^2}\right| = O\left(\dfrac{1}{n^p}\right)$ $(n\to\infty)$ 即有界，所以，由定

理 3.2.1 知函数项级数 $\sum\limits_{n=1}^{\infty} \dfrac{\sin nx}{n^2}$ 在 $(-\infty, +\infty)$ 上一致收敛，从而知函数项级

数 $\sum\limits_{n=1}^{\infty} \dfrac{\sin nx}{n^2}$ 在 $(-\infty, +\infty)$ 上收敛.

例 2 判断函数项级数 $\sum\limits_{n=1}^{\infty} n\mathrm{e}^{-nx}$ 在 $[a, +\infty)$ $(a>0)$ 上的敛散性.

解 因在 $[a, +\infty)$ $(a>0)$ 上 $\lim\limits_{n\to\infty} \dfrac{|n\mathrm{e}^{-nx}|}{\dfrac{1}{n^p}} = \lim\limits_{n\to\infty} \dfrac{n^{p+1}}{\mathrm{e}^{nx}}$，因此，$p>1$ 时，由

L'Hospital 法则可得 $\lim\limits_{n\to\infty} \dfrac{n^{p+1}}{\mathrm{e}^{nx}} = 0$，即 $\lim\limits_{n\to\infty} \dfrac{|n\mathrm{e}^{-nx}|}{\dfrac{1}{n^p}} = 0$，所以，存在 $p>1$，使

$|n\mathrm{e}^{-nx}| = O\left(\dfrac{1}{n^p}\right)$ $(n\to\infty)$ 即有界，故此，由定理 3.2.1 知函数项级数 $\sum\limits_{n=1}^{\infty} n\mathrm{e}^{-nx}$

在 $[a, +\infty)$ $(a>0)$ 上一致收敛，从而知函数项级数 $\sum\limits_{n=1}^{\infty} n\mathrm{e}^{-nx}$ 在 $[a, +\infty)$ $(a>0)$

上收敛.

例 3 判断函数项级数 $\sum\limits_{n=1}^{\infty} \dfrac{x}{n}$ 在 $[1, +\infty)$ 上的敛散性.

解 因在 $[1, +\infty)$ 上 $\dfrac{x}{n} > 0$，且 $\lim\limits_{n\to\infty} \dfrac{\dfrac{x}{n}}{\dfrac{1}{n}} = \lim\limits_{n\to\infty} x \geqslant 1$，所以，$\dfrac{x}{n}$ 是 $\dfrac{1}{n}$ $(n\to\infty)$

的同阶或低阶无穷小，故由定理 3.2.2 知函数项级数 $\sum\limits_{n=1}^{\infty} \dfrac{x}{n}$ 在 $[1, +\infty)$ 上发散.

第四章 空间解析几何的研究

4.1 空间几何体在平面上的投影

4.1.1 基本定理(证明)及推论

高等数学的主要内容是微积分,因此,积分是重要的内容.计算重积分经常要求柱面方程以及空间几何体在平面上的投影区域,且在许多应用中也需要求投影区域,因此,求空间几何体在平面上的投影区域就显得比较重要了.为了使求投影区域灵活方便多样化,于是给出如下定理.

定理 4.1.1 设柱面准线 Γ 是封闭曲线,其方程为 $\begin{cases} F(x,y,z)=0 \\ G(x,y,z)=0 \end{cases}$,母线平行于方向 $s=\{A,B,C\}$,若方程组 $\begin{cases} F(x+At,y+Bt,z+Ct)=0 \\ G(x+At,y+Bt,z+Ct)=0 \end{cases}$,消去 t 得 $H(x,y,z)=0$,则该柱面围成的柱体为 $H(x,y,z)\leqslant 0$.

证 设点 (x_0,y_0,z_0) 是准线 Γ 上的任意一点,则过点 (x_0,y_0,z_0) 平行于方向 $s=\{A,B,C\}$ 的直线方程为

$$\frac{x-x_0}{A}=\frac{y-y_0}{B}=\frac{z-z_0}{C},$$

所以,

$$\frac{x-x_0}{-A}=\frac{y-y_0}{-B}=\frac{z-z_0}{-C},$$

故有

$$\begin{cases} x_0 = x + At \\ y_0 = y + Bt , \\ z_0 = z + Ct \end{cases} \tag{4-1}$$

由于点 (x_0,y_0,z_0) 在 Γ 上,因此也应有

$$\begin{cases} F(x_0,y_0,z_0)=0 \\ G(x_0,y_0,z_0)=0 \end{cases}, \tag{4-2}$$

将式(4-1)代入式(4-2)得

$$\begin{cases} F(x+At,y+Bt,z+Ct)=0 \\ G(x+At,y+Bt,z+Ct)=0 \end{cases},$$

消去参数 t 得 $H(x,y,z)=0$,则方程 $H(x,y,z)=0$ 就是准线为 $\begin{cases} F(x,y,z)=0 \\ G(x,y,z)=0 \end{cases}$,母线平行于方向 $s=\{A,B,C\}$ 的柱面方程,因此,该柱面围成的柱体为 $H(x,y,z)\leqslant 0$.

显然,当 s 为 z 轴时,即 $s=\{0,0,1\}$,因此,$\begin{cases} F(x+At,y+Bt,z+Ct)=0 \\ G(x+At,y+Bt,z+Ct)=0 \end{cases}$ 变

为 $\begin{cases} F(x,y,z+t)=0 \\ G(x,y,z+t)=0 \end{cases}$,若消去参数 t 时,则 z 也同时消去,此时得到柱体为

$H_1(x,y)\leqslant 0$,即垂直于 xOy 坐标面的柱体为 $H_1(x,y)\leqslant 0$.

于是得到如下推论.

推论 4.1.1 曲线 $\begin{cases} F(x,y,z)=0 \\ G(x,y,z)=0 \end{cases}$ 关于 xOy 坐标面的投影柱面围成的柱体

为 $H_1(x,y)\leqslant 0$.

易知分别关于 yOz 坐标面和 zOx 坐标面投影柱面围成的柱体为 $H_2(y,z)\leqslant 0$ 和 $H_3(x,z)\leqslant 0$.

定理 4.1.2 设空间几何体 Ω^* 是由曲面 $\Sigma_1:F(x,y,z)=0$ 及曲面 $\Sigma_2:$

---

* 定理 4.1.2 中的 Ω 满足:用垂直于 π 的直线穿过 Ω 与边界曲面交点不多于两个.

$G(x,y,z)=0$ 围成,平面 π 的方程为 $Ax+By+Cz+D=0$,若方程组

$$\begin{cases} F(x+At,y+Bt,z+Ct)=0 \\ G(x+At,y+Bt,z+Ct)=0 \end{cases}$$ 消去 t 得 $H(x,y,z)=0$,则空间几何体 Ω 在平

面 π 上的投影区域 E 为 $\begin{cases} H(x,y,z)\leqslant 0 \\ Ax+By+Cz+D=0 \end{cases}$.

证 由于 $\begin{cases} F(x,y,z)=0 \\ G(x,y,z)=0 \end{cases}$ 表示曲面 $\Sigma_1:F(x,y,z)=0$ 与曲面 $\Sigma_2:G(x,y,$

$z)=0$ 的交线,所以由定理 4.1.1 知,$H(x,y,z)=0$ 是以两曲面 Σ_1,Σ_2 的交线

$\begin{cases} F(x,y,z)=0 \\ G(x,y,z)=0 \end{cases}$ 为准线,母线平行于方向 $s=\{A,B,C\}$ 的柱面方程,即关于平

面 $\pi:Ax+By+Cz+D=0$ 的投影柱面,因此,$H(x,y,z)\leqslant 0$ 就表示投影柱面

围成的柱体,显然是垂直于平面 π 的,故 $H(x,y,z)\leqslant 0$ 与平面 $\pi:Ax+By+Cz+$

$D=0$ 的公共部分就是交线 $\begin{cases} F(x,y,z)=0 \\ G(x,y,z)=0 \end{cases}$ 在平面 π 上的投影曲线围成的区

域,所以 $\begin{cases} H(x,y,z)\leqslant 0 \\ Ax+By+Cz+D=0 \end{cases}$ 就是空间几何体 Ω 在平面 π 上的投影区域 E.

当平面 π 分别为 xOy、yOz 及 zOx 坐标面时,则可得到推论 4.1.2.

推论 4.1.2 如果空间几何体 Ω 是由曲面 $F(x,y,z)=0$ 及曲面 $G(x,y,z)=0$

围成的,则几何体 Ω 在三坐标面上的投影区域分别为 $\begin{cases} H_1(x,y)\leqslant 0 \\ z=0 \end{cases}$,$\begin{cases} H_2(y,z)\leqslant 0 \\ x=0 \end{cases}$

和 $\begin{cases} H_3(x,z)\leqslant 0 \\ y=0 \end{cases}$.

4.1.2 应用举例

例 1 求以曲线 $\begin{cases} x^2+y^2+z^2=9 \\ 2x+y-3z=0 \end{cases}$ 为准线,母线平行于直线 $\dfrac{x}{1}=\dfrac{y}{2}=\dfrac{z}{1}$ 的柱

面围成的柱体.

解 因 $s=\{1,2,1\}$,将 $\begin{cases} x^2+y^2+z^2=9 \\ 2x+y-3z=0 \end{cases}$ 中的 x,y,z 换成 $x+t,y+2t,z+$

t 得

$$\begin{cases} (x+t)^2+(y+2t)^2+(z+t)^2=9 \\ 2(x+t)+(y+2t)-3(z+t)=0 \end{cases},$$

即

$$\begin{cases} (x+t)^2+(y+2t)^2+(z+t)^2=9 \\ 2x+y-3z+t=0 \end{cases},$$

消去 t 得 $(3z-x-y)^2+(6z-4x-y)^2+(4z-2x-y)^2=9$，由定理 4.1.1 知,

以曲线 $\begin{cases} x^2+y^2+z^2=9 \\ 2x+y-3z=0 \end{cases}$ 为准线,母线平行于直线 $\dfrac{x}{1}=\dfrac{y}{2}=\dfrac{z}{1}$ 的柱面围成的柱体

为 $(3z-x-y)^2+(6z-4x-y)^2+(4z-2x-y)^2\leqslant 9$.

例 2 求由曲面 $x^2+y^2+z^2=4$ 与 $x+y-z=0$ 围成的立体分别在平面 $x+y+z=6$ 及 xOy 坐标面上的投影区域.

解 这里 $A=1,B=1,C=1$,故将 $\begin{cases} x^2+y^2+z^2=4 \\ x+y-z=0 \end{cases}$ 中的 x,y,z 换成 $x+t,y+t,$ $z+t$ 得

$$\begin{cases} (x+t)^2+(y+t)^2+(z+t)^2=4 \\ (x+t)+(y+t)-(z+t)=0 \end{cases},$$

即

$$\begin{cases} (x+t)^2+(y+t)^2+(z+t)^2=4 \\ x+y-z+t=0 \end{cases},$$

消去 t 得 $(z-y)^2+(z-x)^2+(2z-x-y)^2=4$,所以由定理 4.1.2 知立体在平面

$x+y+z=6$ 上的投影区域为 $\begin{cases} (z-y)^2+(z-x)^2+(2z-x-y)^2\leqslant 4 \\ x+y+z=6 \end{cases}$.

因将 $\begin{cases} x^2+y^2+z^2=4 \\ x+y-z=0 \end{cases}$ 中的 z 消去得 $x^2+y^2+xy=2$,所以由推论 2 知立体

在 xOy 坐标面上的投影区域为 $\begin{cases} x^2+y^2+xy\leqslant 2 \\ z=0 \end{cases}$.

4.2 空间曲线在平面上的投影曲线参数方程

4.2.1 基本定理及证明

在解析几何中,经常要求曲线的投影曲线方程,在许多书中,空间曲线在平面上的投影曲线方程大多是用一般方程表示的,为使应用方便,因此,应会求投影曲线的参数方程,为了得到投影曲线参数方程的求法,先给出柱面参数方程的求法,于是得到如下定理.

定理 4.2.1 设空间曲线 Γ 的参数方程为

$$\begin{cases} x = \varphi(t) \\ y = \psi(t) \\ z = \omega(t) \end{cases},$$

则以 Γ 为准线,母线平行于方向 $s = \{l, m, n\}$ 的柱面参数方程为

$$\begin{cases} x = \varphi(t) + lk \\ y = \psi(t) + mk \\ z = \omega(t) + nk \end{cases},$$

其中 t, k 为参数.

证 设点 (x_0, y_0, z_0) 对应于 $t = t_0$,即 $(\varphi(t_0), \psi(t_0), \omega(t_0))$ 是曲线 Γ 上的一点,则过该点平行于 $s = \{l, m, n\}$ 的直线参数方程为

$$\begin{cases} x = \varphi(t_0) + lk \\ y = \psi(t_0) + mk \quad (k \text{ 为参数}), \\ z = \omega(t_0) + nk \end{cases}$$

如果将方程中的 t_0 变成 t,随 t 的变化,方程

$$\begin{cases} x = \varphi(t) + lk \\ y = \psi(t) + mk \\ z = \omega(t) + nk \end{cases}$$

就表示平行于 $s=\{l,m,n\}$ 且与曲线 Γ 相交的一族平行线,由柱面定义知,方程

$$\begin{cases} x=\varphi(t)+lk \\ y=\psi(t)+mk \\ z=\omega(t)+nk \end{cases}$$

就是以 Γ 为准线,母线平行于方向 $s=\{l,m,n\}$ 的柱面参数方程,其中 t,k 为参数.

　　显然,空间曲线 $\Gamma:\begin{cases} x=\varphi(t) \\ y=\psi(t) \\ z=\omega(t) \end{cases}$ 关于坐标面 xOy, yOz, zOx 平面的投影柱面

参数方程分别为

$$\begin{cases} x=\varphi(t) \\ y=\psi(t) \\ z=\omega(t)+k \end{cases} ; \quad \begin{cases} x=\varphi(t)+k \\ y=\psi(t) \\ z=\omega(t) \end{cases} ; \quad \begin{cases} x=\varphi(t) \\ y=\psi(t)+k \\ z=\omega(t) \end{cases} , \text{ 其中 } t, k \text{ 为参数.}$$

　　定理 4.2.2　设空间曲线 Γ 的参数方程为

$$\begin{cases} x=\varphi(t) \\ y=\psi(t) \\ z=\omega(t) \end{cases} ,$$

则 Γ 在平面 $\pi:Ax+By+Cz+D=0$ 上的投影曲线的参数方程为

$$\begin{cases} x=\varphi(t)-A\Phi(t) \\ y=\psi(t)-B\Phi(t) \\ z=\omega(t)-C\Phi(t) \end{cases} ,$$

其中 $\Phi(t)=\dfrac{A\varphi(t)+B\psi(t)+C\omega(t)+D}{A^2+B^2+C^2}.$

　　证　由定理 4.2.1 知,准线为 $\begin{cases} x=\varphi(t) \\ y=\psi(t) \\ z=\omega(t) \end{cases}$,母线平行于 $s=\{A,B,C\}$ 的柱面

参数方程为

$$\begin{cases} x=\varphi(t)+Ak \\ y=\psi(t)+Bk \\ z=\omega(t)+Ck \end{cases} ,$$

其中 t, k 为参数.则该柱面的母线与平面 $\pi:Ax+By+Cz+D=0$ 的法向量

$\{A,B,C\}$ 平行，即母线垂直于平面 π，是 Γ 关于平面 π 的投影柱面，因此，柱面与平面 π 的交线就是曲线 Γ 在平面 π 上的投影曲线. 因投影曲线在 π 上，故应有 $A[\varphi(t)+Ak] + B[\psi(t)+Bk] + C[\omega(t)+Ck] + D = 0$，所以 $k = -\dfrac{A\varphi(t)+B\psi(t)+C\omega(t)+D}{A^2+B^2+C^2}$，令 $\Phi(t)=\dfrac{A\varphi(t)+B\psi(t)+C\omega(t)+D}{A^2+B^2+C^2}$，则 $k=-\Phi(t)$，

代入方程 $\begin{cases} x=\varphi(t)+Ak \\ y=\psi(t)+Bk \\ z=\omega(t)+Ck \end{cases}$ 得

$$\begin{cases} x=\varphi(t)-A\Phi(t) \\ y=\psi(t)-B\Phi(t) \\ z=\omega(t)-C\Phi(t) \end{cases},$$

即为空间曲线 Γ 在平面 π 上的投影曲线的参数方程.

显然，坐标面 xOy, yOz, zOx 平面的法向量分别为 $\{0,0,1\}$，$\{1,0,0\}$，$\{0,1,0\}$，空间曲线 $\Gamma:\begin{cases} x=\varphi(t) \\ y=\psi(t) \\ z=\omega(t) \end{cases}$ 对应的 $\Phi(t)$ 分别为 $\Phi(t)=\omega(t)$，$\Phi(t)=\varphi(t)$，$\Phi(t)=\psi(t)$，故此，空间曲线 Γ 在三坐标面上的投影曲线参数方程分别为

$$\begin{cases} x=\varphi(t) \\ y=\psi(t) \\ z=\omega(t)-\omega(t) \end{cases}, \quad \begin{cases} x=\varphi(t)-\varphi(t) \\ y=\psi(t) \\ z=\omega(t) \end{cases}, \quad \begin{cases} x=\varphi(t) \\ y=\psi(t)-\psi(t) \\ z=\omega(t) \end{cases},$$

即 $\begin{cases} x=\varphi(t) \\ y=\psi(t), \\ z=0 \end{cases} \begin{cases} y=\psi(t) \\ z=\omega(t), \\ x=0 \end{cases} \begin{cases} x=\varphi(t) \\ z=\omega(t). \\ y=0 \end{cases}$

4.2.2　应用举例

例 1　求以曲线 $\begin{cases} x=a\cos\theta \\ y=a\sin\theta \\ z=b\theta \end{cases}$ $(0\leqslant\theta\leqslant 2\pi)$ 为准线，母线垂直于平面 $x+2y+3z+1=0$ 的柱面参数方程.

解　因所求方程的柱面母线垂直于平面 $x+2y+3z+1=0$,则其母线平行于平面的法向量为 $\{1,2,3\}$,故由定理 4.2.1 知,所求柱面的参数方程为

$$\begin{cases} x=a\cos\theta+k \\ y=a\sin\theta+2k \quad (0\leqslant\theta\leqslant2\pi),\text{其中 } \theta,k \text{ 为参数.} \\ z=b\theta+3k \end{cases}$$

例2　求直线 $\begin{cases} x=9t \\ y=7t-1 \\ z=10t-4 \end{cases}$ 在平面 $4x-y+z-1=0$ 上的投影直线参数方程.

解　这里 $A=4,B=-1,C=1,D=-1,\varphi(t)=9t,\psi(t)=7t-1,\omega(t)=10t-4$,故

$$\Phi(t)=\frac{4\times9t-1\times(7t-1)+1\times(10t-4)-1}{4^2+(-1)^2+1^2}=\frac{13}{6}t-\frac{2}{9},$$

所以,由定理 4.2.2 知,所求投影直线参数方程为

$$\begin{cases} x=9t-4\times\left(\dfrac{13}{6}t-\dfrac{2}{9}\right) \\ y=7t-1+\left(\dfrac{13}{6}t-\dfrac{2}{9}\right) \quad, \\ z=10t-4-\left(\dfrac{13}{6}t-\dfrac{2}{9}\right) \end{cases}$$

即

$$\begin{cases} x=\dfrac{1}{3}t+\dfrac{8}{9} \\ y=9\dfrac{1}{6}t-\dfrac{11}{9} \quad. \\ z=7\dfrac{5}{6}t-3\dfrac{7}{9} \end{cases}$$

例3　求曲线 $\begin{cases} x=3\sin t \\ y=4\sin t \\ z=5\cos t \end{cases}$ 在平面 $x+y+z=0$ 上的投影曲线参数方程.

解　这里 $A=1,B=1,C=1,D=0,\varphi(t)=3\sin t,\psi(t)=4\sin t,\omega(t)=5\cos t$,故

$$\Phi(t) = \frac{1 \times 3 \sin t + 1 \times 4 \sin t + 1 \times 5 \cos t}{1^2 + 1^2 + 1^2}$$

$$= \frac{1}{3}(3 \sin t + 4 \sin t + 5 \cos t)$$

$$= \frac{7}{3} \sin t + \frac{5}{3} \cos t,$$

所以,由定理 4.2.2 知,所求投影曲线参数方程为

$$\begin{cases} x = 3 \sin t - \left(\frac{7}{3} \sin t + \frac{5}{3} \cos t \right) \\ y = 4 \sin t - \left(\frac{7}{3} \sin t + \frac{5}{3} \cos t \right) , \\ z = 5 \cos t - \left(\frac{7}{3} \sin t + \frac{5}{3} \cos t \right) \end{cases}$$

即

$$\begin{cases} x = \frac{2}{3} \sin t - \frac{5}{3} \cos t \\ y = \frac{5}{3} \sin t - \frac{5}{3} \cos t . \\ z = \frac{10}{3} \cos t - \frac{7}{3} \sin t \end{cases}$$

4.3 旋转曲面方程的求法

4.3.1 基本定理(证明)及推论

旋转曲面是高等数学重要的内容之一,但在许多教材中,只讲述了坐标面上的曲线绕坐标轴旋转所得到的旋转曲面,未涉及空间曲线绕空间直线旋转所得到的旋转曲面,为了使旋转曲面方程的求法多样化,应用方便,因此,给出如下方程求法.

定理 4.3.1 设空间曲线 Γ 的方程为 $\begin{cases} F(x,y,z)=0 \\ G(x,y,z)=0 \end{cases}$,空间定直线 l 的方程

为 $\dfrac{x-x_0}{X}=\dfrac{y-y_0}{Y}=\dfrac{z-z_0}{Z}$,如果由含参数 t_1,t_2,t_3 的方程组

$$\begin{cases} F(t_1,t_2,t_3)=0 \\ G(t_1,t_2,t_3)=0 \\ X(x-t_1)+Y(y-t_2)+Z(z-t_3)=0 \\ (x-x_0)^2+(y-y_0)^2+(z-z_0)^2=(t_1-x_0)^2+(t_2-y_0)^2+(t_3-z_0)^2 \end{cases},$$

消去参数 t_1,t_2,t_3,得方程 $H(x,y,z)=0$,则空间曲线
Γ 绕空间直线 l 旋转所得到的旋转曲面方程为 $H(x,$
$y,z)=0$.

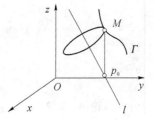

图 4-1

证 设点 $M(t_1,t_2,t_3)$ 是母线 Γ 上的任意点,如图
4-1 所示,那么过点 M 的纬圆总可以看成过点 M 且
垂直于旋转轴 l 的平面与以 $p_0(x_0,y_0,z_0)$ 为中心,
$|\overrightarrow{p_0M}|$ 为半径的球面的交线,所以,过点 $M(t_1,t_2,t_3)$
的纬圆方程为

$$\begin{cases} X(x-t_1)+Y(y-t_2)+Z(z-t_3)=0 \\ (x-x_0)^2+(y-y_0)^2+(z-z_0)^2=(t_1-x_0)^2+(t_2-y_0)^2+(t_3-z_0)^2 \end{cases}.$$

当点 M 跑遍整个母线 Γ 时,就得到了所有的纬圆,这些纬圆就构成了旋转
曲面.

又点 $M(t_1,t_2,t_3)$ 在母线 Γ 上,故应有 $\begin{cases} F(t_1,t_2,t_3)=0 \\ G(t_1,t_2,t_3)=0 \end{cases}$,所以,由

$$\begin{cases} F(t_1,t_2,t_3)=0 & \text{(4-3)} \\ G(t_1,t_2,t_3)=0 & \text{(4-4)} \\ X(x-t_1)+Y(y-t_2)+Z(z-t_3)=0 & \text{(4-5)} \\ (x-x_0)^2+(y-y_0)^2+(z-z_0)^2=(t_1-x_0)^2+(t_2-y_0)^2+(t_3-z_0)^2 & \text{(4-6)} \end{cases}$$

消去参数 t_1,t_2,t_3 得到的方程 $H(x,y,z)=0$,就是以空间曲线 Γ 为母线,空间
直线 l 为旋转轴的旋转曲面的方程.

如果 l 为 z 轴时,则 $X=Y=0,Z\neq0$ 且 $x_0=y_0=0$,则此时由方程(4-5)得

$t_3 = z$，由方程(4-6)得

$$x^2 + y^2 = t_1^2 + t_2^2,\qquad\qquad (4\text{-}7)$$

如果由 $\begin{cases} F(t_1,t_2,t_3)=0 \\ G(t_1,t_2,t_3)=0 \end{cases}$ 可得到 $\begin{cases} t_1=\varphi(t_3)=\varphi(z) \\ t_2=\psi(t_3)=\psi(z) \end{cases}$，则方程(4-7)变为 $x^2+y^2=$

$\varphi^2(z)+\psi^2(z)$. 此方程就是曲线 Γ 绕 z 轴旋转所得到的旋转曲面的方程. 因此，得到如下结论.

推论 4.3.1 设空间曲线 Γ 的方程为 $\begin{cases} F(x,y,z)=0 \\ G(x,y,z)=0 \end{cases}$，如果可解出

$\begin{cases} x=x(z) \\ y=y(z) \end{cases}$，则曲线 Γ 绕 z 轴旋转所得到的旋转曲面的方程为 $x^2+y^2=x^2(z)+$

$y^2(z)$.

推论 4.3.2 设空间曲线 Γ 的方程为 $\begin{cases} F(x,y,z)=0 \\ G(x,y,z)=0 \end{cases}$，如果可解出

$\begin{cases} x=x(y) \\ z=z(y) \end{cases}$，则曲线 Γ 绕 y 轴旋转得到的旋转曲面的方程为 $x^2+z^2=x^2(y)+z^2(y)$.

推论 4.3.3 设空间曲线 Γ 的方程为 $\begin{cases} F(x,y,z)=0 \\ G(x,y,z)=0 \end{cases}$，如果可解出

$\begin{cases} y=y(x) \\ z=z(x) \end{cases}$，则曲线 Γ 绕 x 轴旋转所得到的旋转曲面的方程为 $y^2+z^2=y^2(x)+$

$z^2(x)$.

如果曲线 Γ 是 yOz 坐标面上的曲线，则 $t_1=0$，所以 $\begin{cases} F(0,t_2,t_3)=0 \\ G(0,t_2,t_3)=0 \end{cases}$ 就可用

其中一个方程 $F(t_2,t_3)=0$ 表示. 因此，含有两参数 t_2,t_3 的方程组

$$\begin{cases} F(t_2,t_3)=0 \\ Xx+Y(z-t_2)+Z(z-t_3)=0 \\ (x-x_0)^2+(y-y_0)^2+(z-z_0)^2=x_0^2+(t_2-y_0)^2+(t_3-z_0)^2 \end{cases},$$

消去参数 t_2,t_3 得到的方程 $H(x,y,z)=0$ 就是平面曲线 Γ 绕直线 l 旋转所得到的旋转曲面方程.

如果 l 为 z 轴，此时，$x_0=y_0=0$，$X=Y=0$，$Z\neq 0$，上方程组变为

$$\begin{cases} F(t_2,t_3)=0 \\ Z(z-t_3)=0 \\ x^2+y^2+(z-z_0)^2=t_2^2+(t_3-z_0)^2 \end{cases},$$

由 $Z(z-t_3)=0$ 得 $t_3=z$,所以,得方程组

$$\begin{cases} F(t_2,t_3)=0 \\ t_3=z \\ x^2+y^2=t_2^2 \end{cases},$$

故此, $t_2=\pm\sqrt{x^2+y^2}$. 将 $t_3=z$, $t_2=\pm\sqrt{x^2+y^2}$ 代入 $F(t_2,t_3)=0$ 得 $F(\pm\sqrt{x^2+y^2},z)=0$就是平面曲线 Γ: $F(y,z)=0$ 绕 z 轴旋转所得到的旋转曲面方程.

同理可得平面曲线 $F(y,z)=0$ 绕 y 轴旋转所得到的旋转曲面方程 $F(y,\pm\sqrt{x^2+z^2})=0$. 同样平面曲线 $F(x,y)=0$ 绕 x 轴、y 轴旋转所得到的旋转曲面方程分别为 $F(x,\pm\sqrt{y^2+z^2})=0$ 和 $F(\pm\sqrt{x^2+z^2},y)=0$.

4.3.2　应用举例

例1　求直线 $\dfrac{x}{2}=\dfrac{y}{1}=\dfrac{z-1}{0}$绕直线 $x=y=z$ 旋转所得到的旋转曲面方程.

解　因旋转轴 l 通过原点,故 $x_0=y_0=z_0=0$,而 Γ: $\dfrac{x}{2}=\dfrac{y}{1}=\dfrac{z-1}{0}$可写成 $\begin{cases} x-2y=0 \\ z-1=0 \end{cases}$,所以,含参数 t_1,t_2,t_3 的方程组为

$$\begin{cases} t_1-2t_2=0 \\ t_3-1=0 \\ (x-t_1)+(y-t_2)+(z-t_3)=0 \\ x^2+y^2+z^2=t_1^2+t_2^2+t_3^2 \end{cases},$$

故由方程组消去参数 t_1,t_2,t_3 得

$$2(x^2+y^2+z^2)-5(xy+xz+yz)+5(x+y+z)-7=0.$$

所以,由定理 4.3.1 知方程 $2(x^2+y^2+z^2)-5(xy+xz+yz)+5(x+y+z)-7=0$

就是所要求的旋转曲面方程.

例 2 已知空间曲线 $\Gamma:\begin{cases}x+y+3z^2-z=0\\y-x+z^2+3z-2=0\end{cases}$,求曲线 Γ 绕 z 轴旋转一周所得到的旋转曲面方程.

解 因空间曲线 Γ 的方程 $\begin{cases}x+y+3z^2-z=0\\y-x+z^2+3z-2=0\end{cases}$ 可解出

$\begin{cases}x=-z^2+2z-1=x(z)\\y=-2z^2-z+1=y(z)\end{cases}$,而旋转轴是 z 轴,故由推论 4.3.1 知

$$x^2+y^2=x^2(z)+y^2(z)=(-z^2+2z-1)^2+(-2z^2-z+1)^2,$$

即 $x^2+y^2=5z^4+3z^2-6z+2$ 就是所要求的旋转曲面方程.

4.4 旋转曲面的面积及围成立体的体积

4.4.1 基本定理(证明)及推论

旋转曲面是高等数学的重要内容之一,但在许多教材中,只讲述了坐标面上的曲线绕坐标轴旋转所得到的旋转曲面,未涉及空间曲线绕空间直线旋转所得到的旋转曲面,更没有旋转曲面面积及围成立体的体积求法,因此,就此作初步探讨.

定理 4.4.1 设空间简单光滑曲线 Γ 的方程为 $\begin{cases}F(x,y,z)=0\\G(x,y,z)=0\end{cases}(c\leqslant z\leqslant d)$,

空间定直线 l 的方程为 $\dfrac{x-x_0}{X}=\dfrac{y-y_0}{Y}=\dfrac{z-z_0}{Z}$,如果由方程组可解出 $\begin{cases}x=x(z)\\y=y(z)\end{cases}$

$(c\leqslant z\leqslant d)$,则曲线 Γ 绕直线 l 旋转所得到的旋转曲面:

(1) 面积

$$A=2\pi\int_c^d\frac{\sqrt{\begin{vmatrix}y(z)-y_0 & z-z_0\\Y & Z\end{vmatrix}^2+\begin{vmatrix}z-z_0 & x(z)-x_0\\Z & X\end{vmatrix}^2+\begin{vmatrix}x(z)-x_0 & y(z)-y_0\\X & Y\end{vmatrix}^2}}{\sqrt{X^2+Y^2+Z^2}}\sqrt{1+x_z^2+y_z^2}\,\mathrm{d}z;$$

（2）围成立体的体积

$$V = \pi \int_c^d \frac{\begin{vmatrix} y(z)-y_0 & z-z_0 \\ Y & Z \end{vmatrix}^2 + \begin{vmatrix} z-z_0 & x(z)-x_0 \\ Z & X \end{vmatrix}^2 + \begin{vmatrix} x(z)-x_0 & y(z)-y_0 \\ X & Y \end{vmatrix}^2}{(X^2+Y^2+Z^2)^{\frac{3}{2}}} \mid X x_z + Y y_z + Z \mid \, \mathrm{d}z.$$

证　（1）取 z 为积分变量,则其变化范围为 $[c,d]$,相应于 $[c,d]$ 上任一小区间 $[z , z+\mathrm{d}z]$ 对应的小弧段长近似于 $\mathrm{d}s = \sqrt{1+x_z^2+y_z^2}\,\mathrm{d}z$,而曲线 Γ 上点 $(x(z),y(z),z)$ 到 l 的距离为

$$\frac{\sqrt{\begin{vmatrix} y(z)-y_0 & z-z_0 \\ Y & Z \end{vmatrix}^2 + \begin{vmatrix} z-z_0 & x(z)-x_0 \\ Z & X \end{vmatrix}^2 + \begin{vmatrix} x(z)-x_0 & y(z)-y_0 \\ X & Y \end{vmatrix}^2}}{\sqrt{X^2+Y^2+Z^2}},$$

故小弧段绕直线 l 旋转所得到的曲面小圆环侧面积近似于

$$2\pi \frac{\sqrt{\begin{vmatrix} y(z)-y_0 & z-z_0 \\ Y & Z \end{vmatrix}^2 + \begin{vmatrix} z-z_0 & x(z)-x_0 \\ Z & X \end{vmatrix}^2 + \begin{vmatrix} x(z)-x_0 & y(z)-y_0 \\ X & Y \end{vmatrix}^2}}{\sqrt{X^2+Y^2+Z^2}} \, \mathrm{d}s$$

$$= 2\pi \frac{\sqrt{\begin{vmatrix} y(z)-y_0 & z-z_0 \\ Y & Z \end{vmatrix}^2 + \begin{vmatrix} z-z_0 & x(z)-x_0 \\ Z & X \end{vmatrix}^2 + \begin{vmatrix} x(z)-x_0 & y(z)-y_0 \\ X & Y \end{vmatrix}^2}}{\sqrt{X^2+Y^2+Z^2}} \sqrt{1+x_z^2+y_z^2}\,\mathrm{d}z.$$

即面积元素

$$\mathrm{d}A = 2\pi \frac{\sqrt{\begin{vmatrix} y(z)-y_0 & z-z_0 \\ Y & Z \end{vmatrix}^2 + \begin{vmatrix} z-z_0 & x(z)-x_0 \\ Z & X \end{vmatrix}^2 + \begin{vmatrix} x(z)-x_0 & y(z)-y_0 \\ X & Y \end{vmatrix}^2}}{\sqrt{X^2+Y^2+Z^2}} \sqrt{1+x_z^2+y_z^2}\,\mathrm{d}z$$

$(c \leqslant z \leqslant d).$

以 $\mathrm{d}A$ 为被积表达式在 $[c,d]$ 上作定积分得

$$A = 2\pi \int_c^d \frac{\sqrt{\begin{vmatrix} y(z)-y_0 & z-z_0 \\ Y & Z \end{vmatrix}^2 + \begin{vmatrix} z-z_0 & x(z)-x_0 \\ Z & X \end{vmatrix}^2 + \begin{vmatrix} x(z)-x_0 & y(z)-y_0 \\ X & Y \end{vmatrix}^2}}{\sqrt{X^2+Y^2+Z^2}} \sqrt{1+x_z^2+y_z^2}\,\mathrm{d}z.$$

（2）由于曲线 Γ 上的任意点 $(x(z),y(z),z)$ 到直线 l 的距离为

$$\frac{\sqrt{\begin{vmatrix} y(z)-y_0 & z-z_0 \\ Y & Z \end{vmatrix}^2 + \begin{vmatrix} z-z_0 & x(z)-x_0 \\ Z & X \end{vmatrix}^2 + \begin{vmatrix} x(z)-x_0 & y(z)-y_0 \\ X & Y \end{vmatrix}^2}}{\sqrt{X^2+Y^2+Z^2}},$$

故沿直线 l 积分时有 $\mathrm{d}l = \dfrac{Xx_z + Yy_z + Z}{\sqrt{X^2 + Y^2 + Z^2}}\mathrm{d}z$，故旋转曲面围成立体的体积元素

为

$$\mathrm{d}V = \pi \left(\frac{\sqrt{\begin{vmatrix} y(z)-y_0 & z-z_0 \\ Y & Z \end{vmatrix}^2 + \begin{vmatrix} z-z_0 & x(z)-x_0 \\ Z & X \end{vmatrix}^2 + \begin{vmatrix} x(z)-x_0 & y(z)-y_0 \\ X & Y \end{vmatrix}^2}}{\sqrt{X^2+Y^2+Z^2}} \right)^2 |\,\mathrm{d}l\,|$$

$$= \pi \frac{\begin{vmatrix} y(z)-y_0 & z-z_0 \\ Y & Z \end{vmatrix}^2 + \begin{vmatrix} z-z_0 & x(z)-x_0 \\ Z & X \end{vmatrix}^2 + \begin{vmatrix} x(z)-x_0 & y(z)-y_0 \\ X & Y \end{vmatrix}^2}{X^2+Y^2+Z^2}$$

$$\frac{|\,Xx_z+Yy_z+Z\,|}{\sqrt{X^2+Y^2+Z^2}}\mathrm{d}z = \pi \frac{\begin{vmatrix} y(z)-y_0 & z-z_0 \\ Y & Z \end{vmatrix}^2 + \begin{vmatrix} z-z_0 & x(z)-x_0 \\ Z & X \end{vmatrix}^2 + \begin{vmatrix} x(z)-x_0 & y(z)-y_0 \\ X & Y \end{vmatrix}^2}{(X^2+Y^2+Y^2)^{\frac{3}{2}}}$$

$|\,Xx_z+Yy_z+Z\,|\,\mathrm{d}z\ (c \leqslant z \leqslant d)$.

所以，

$$V = \pi\!\int_c^d \frac{\begin{vmatrix} y(z)-y_0 & z-z_0 \\ Y & Z \end{vmatrix}^2 + \begin{vmatrix} z-z_0 & x(z)-x_0 \\ Z & X \end{vmatrix}^2 + \begin{vmatrix} x(z)-x_0 & y(z)-y_0 \\ X & Y \end{vmatrix}^2}{(X^2+Y^2+Z^2)^{\frac{3}{2}}} |\,Xx_z+Yy_z+Z\,|\,\mathrm{d}z.$$

如果 l 为 z 轴时，则 $X = Y = 0$，$Z \neq 0$ 且 $x_0 = y_0 = 0$，上面的面积公式和体积公式就分别变为

$$A = 2\pi\!\int_c^d \left(\sqrt{x^2(z)+y^2(z)}\ \sqrt{1+x_z^2+y_z^2} \right)\mathrm{d}z \ \text{和}\ V = \pi\!\int_c^d \left[x^2(z)+y^2(z) \right]\mathrm{d}z,$$

于是得到如下结论.

推论 4.4.1 设空间简单光滑曲线 Γ 的方程为 $\begin{cases} F(x,y,z) = 0 \\ G(x,y,z) = 0 \end{cases}$ $(c \leqslant z \leqslant d)$，如

果可解出 $\begin{cases} x = x(z) \\ y = y(z) \end{cases}$ $(c \leqslant z \leqslant d)$，则曲线 Γ 绕 z 轴旋转所得到的旋转曲面：

(1) 面积 $A = 2\pi\!\int_c^d \left(\sqrt{x^2(z)+y^2(z)}\ \sqrt{1+x_z^2+y_z^2} \right)\mathrm{d}z$；

(2) 围成立体的体积 $V = \pi\!\int_c^d \left[x^2(z)+y^2(z) \right]\mathrm{d}z$.

推论 4.4.2 设空间简单光滑曲线 Γ 的方程为 $\begin{cases} F(x,y,z) = 0 \\ G(x,y,z) = 0 \end{cases}$ $(a \leqslant x \leqslant b)$，如

果可解出 $\begin{cases} y = y(x) \\ z = z(x) \end{cases}$ $(a \leqslant x \leqslant b)$,则曲线 Γ 绕 x 轴旋转所得到的旋转曲面:

(1) 面积 $A = 2\pi \displaystyle\int_a^b (\sqrt{y^2(x) + z^2(x)}\ \sqrt{1 + y_x^2 + z_x^2}) \mathrm{d}x$;

(2) 围成立体的体积 $V = \pi \displaystyle\int_a^b [y^2(x) + z^2(x)] \mathrm{d}x$.

推论 4.4.3　设空间简单光滑曲线 Γ 的方程为 $\begin{cases} F(x,y,z) = 0 \\ G(x,y,z) = 0 \end{cases}$ $(a_0 \leqslant y \leqslant b_0)$,

如果可解出 $\begin{cases} x = x(y) \\ z = z(y) \end{cases}$ $(a_0 \leqslant y \leqslant b_0)$,则曲线 Γ 绕 y 轴旋转所得到的旋转曲面:

(1) 面积 $A = 2\pi \displaystyle\int_{a_0}^{b_0} (\sqrt{x^2(y) + z^2(y)}\ \sqrt{1 + x_y^2 + z_y^2}) \mathrm{d}y$;

(2) 围成立体的体积 $V = \pi \displaystyle\int_{a_0}^{b_0} [x^2(y) + z^2(y)] \mathrm{d}y$.

如果曲线 Γ 是 yOz 坐标面上的曲线,则 $x = 0$,所以 $\begin{cases} F(0,y,z) = 0 \\ G(0,y,z) = 0 \end{cases}$ $(c \leqslant z \leqslant d)$,

就可用其中一个方程 $F(y,z) = 0$ 表示,如果解出 $y = y(z)$ $(c \leqslant z \leqslant d)$,那么曲

线 Γ 的参数方程可认为是 $\begin{cases} x = 0 \\ y = y(z)\ (c \leqslant z \leqslant d) \\ z = z \end{cases}$,则平面曲线 Γ 绕直线 l 旋转

所得到的旋转曲面的面积和曲面围成立体的体积分别为

$$A = 2\pi \int_c^d \frac{\sqrt{\begin{vmatrix} y(z) - y_0 & z - z_0 \\ Y & Z \end{vmatrix}^2 + \begin{vmatrix} z - z_0 & -x_0 \\ Z & X \end{vmatrix}^2 + \begin{vmatrix} -x_0 & y(z) - y_0 \\ X & Y \end{vmatrix}^2}}{\sqrt{X^2 + Y^2 + Z^2}} \sqrt{1 + y_z^2}\ \mathrm{d}z$$

和 $$V = \pi \int_c^d \frac{\begin{vmatrix} y(z) - y_0 & z - z_0 \\ Y & Z \end{vmatrix}^2 + \begin{vmatrix} z - z_0 & -x_0 \\ Z & X \end{vmatrix}^2 + \begin{vmatrix} -x_0 & y(z) - y_0 \\ X & Y \end{vmatrix}^2}{(X^2 + Y^2 + Z^2)^{\frac{1}{2}}} |Y y_z + Z|\ \mathrm{d}z.$$

如果 l 为 z 轴,此时,$x_0 = y_0 = 0$,$X = Y = 0$,$Z \neq 0$,则平面曲线 Γ 绕 z 轴旋转所得到的旋转曲面的面积和曲面围成立体的体积分别为

$A = 2\pi \displaystyle\int_c^d |y(z)|\ \sqrt{1 + y_z^2} \mathrm{d}z$ 和 $V = \pi \displaystyle\int_c^d y^2(z) \mathrm{d}z$. 如果曲线 Γ 的方程

$$\begin{cases} F(x,y,z) = 0 \\ G(x,y,z) = 0 \end{cases} 可解出 \begin{cases} y = y(x) \\ z = z(x) \end{cases} (a \leqslant x \leqslant b) \ 或 \begin{cases} x = x(y) \\ z = z(y) \end{cases} (a_0 \leqslant y \leqslant b_0),$$

同样不难得到曲线 Γ 绕直线 l 旋转所得到的旋转曲面的面积和曲面围成立体的体积公式.

4.4.2　应用举例

例1　求 $\dfrac{x}{2} = \dfrac{y}{3} = z \ (1 \leqslant z \leqslant 3)$ 绕 z 轴旋转所得到的旋转曲面的面积和曲面围成立体的体积.

解　因 $\dfrac{x}{2} = \dfrac{y}{3} = z \ (1 \leqslant z \leqslant 3)$ 可解出 $\begin{cases} x = 2z = x(z) \\ y = 3z = y(z) \end{cases} (1 \leqslant z \leqslant 3),$ 故由推论 4.4.1 的(1)知所求曲面面积

$$\begin{aligned}
A &= 2\pi \int_1^3 \left(\sqrt{x^2(z) + y^2(z)} \ \sqrt{1 + x_z^2 + y_z^2} \right) \mathrm{d}z \\
&= 2\pi \int_1^3 \left(\sqrt{(2z)^2 + (3z)^2} \ \sqrt{1 + 2^2 + 3^2} \right) \mathrm{d}z \\
&= 2\pi \int_1^3 \left(\sqrt{13z^2} \ \sqrt{14} \right) \mathrm{d}z \\
&= 2\sqrt{182}\pi \int_1^3 z \mathrm{d}z = 2\sqrt{182}\pi \left[\frac{z^2}{2} \right]_1^3 \\
&= 8\sqrt{182}\pi.
\end{aligned}$$

由推论 4.4.1 的(2)知所求曲面围成立体的体积

$$\begin{aligned}
V &= \pi \int_1^3 \left[x^2(z) + y^2(z) \right] \mathrm{d}z = \pi \int_1^3 \left[(2z)^2 + (3z)^2 \right] \mathrm{d}z \\
&= \pi \int_1^3 13z^2 \mathrm{d}z = 13\pi \left[\frac{z^3}{3} \right]_1^3 = \frac{338}{3}\pi.
\end{aligned}$$

参 考 文 献

[1] 陈纪修,於崇华,金路.数学分析(上下册)[M].北京:高等教育出版社,2000.

[2] 王绵森,马知恩.工科数学分析基础(上下册)[M].北京:高等教育出版社,1998.

[3] 同济大学应用数学系.高等数学(上下册)[M].5版.北京:高等教育出版社,2002.

[4] 同济大学应用数学系.高等数学(上下册)[M].6版.北京:高等教育出版社,2007.

[5] 王志平.高等数学大讲堂[M].大连:大连理工大学出版社,2004.

[6] 江苏师范学院数学系《解析几何》编写组.解析几何[M].2版.北京:高等教育出版社,1982.

[7] 南开大学数学系《空间解析几何引论》编写组.空间解析几何引论(上册)[M].北京:人民教育出版社,1978.

[8] 丁殿坤,吕端良,边平勇,张相虎.大学数学辅导教程(高等数学)[M].上海:上海交通大学出版社,2013.

[9] 余家荣.复变函数[M].3版.北京:高等教育出版社,2000.

[10] 丁殿坤.可用亚纯函数的留数计算的曲线(实)积分[J].高等数学研究,2008,11(4):69-70.

[11] 丁殿坤.三个极限公式的研究及其应用[J].高等数学研究,2007,10(5):50-52.

[12] 丁殿坤,邓薇,李淑英.用带 Peano 余项的 Taylor 公式求极限应取到哪一项[J].高等数学研究,2005,8(5):13-15.

[13] 孙建设. 数列 $\left[\dfrac{\sqrt[n]{n!}}{n}\right]$ 的单调有界性及其极限[J]. 高等数学研究,2004,7 (1):45-47.

[14] 丁殿坤,邹玉梅. 微分中值定理与 Newton-Leibniz 公式可互相证明[J]. 大学数学, 2005 ,21(4):128-129.

[15] 郑权. 基于微分中值定理证明微积分基本公式和积分中值定理[J]. 大学数学,2003,19 (6):121-122.

[16] 丁殿坤,王鲁新. 形如 $\lim\limits_{n\to\infty}\sqrt[n]{\varphi(n)}$ 及 $\lim\limits_{x\to+\infty}\sqrt[x]{\varphi(x)}$ 的极限求法[J]. 安庆师范学院学报:自然科学版,2006,12(2):28-30.

[17] 丁殿坤,王云丽. 球面坐标在求多元函数极限中的应用[J]. 雁北师范学院学报,2005,21(2):52-54.

[18] 丁殿坤,王云丽. 无穷小量部分代换求极限成立的充要条件[J]. 河南教育学院学报:自然科学版,2004,13(1):10-11.

[19] 丁殿坤,边平勇. Taylor 公式中的 Lagrange 型余项 $Rn(x)$ 的探讨[J]. 大学数学, 2014, 30(6):117-119.

[20] 丁殿坤,邹玉梅. 无穷积分收敛的必要条件[J]. 河南教育学院学报:自然科学版, 2005,14(1):29-30.

[21] 丁殿坤,马芳芳. 微积分第一基本定理和积分中值定理的新证法[J]. 齐齐哈尔大学学报:自然科学版,2007,23(3):58-59.

[22] 姬小龙. 计算旋转体体积的一般积分公式[J]. 高等数学研究,2002,5 (4):11-13.

[23] 岳嵘. 两个无穷小量之比的函数单调性判别法[J]. 山西师范大学学报:自然科学版,2007,21(3):41-43.

[24] 丁殿坤. 形如 $\displaystyle\int_a^{+\infty}\dfrac{f'(x)}{[f(x)]^k}\mathrm{d}x$ 的无穷积分敛散性及其求法[J]. 长春师范学院学报:自然科学版,2006,25(5):8-9.

[25] 丁殿坤,边平勇. 反常积分敛散性极限审敛法的等价定理及其应用[J]. 湘潭师范学院学报:自然科学版,2005,27(4):6-8.

[26] 丁殿坤,郭秀荣. Stokes 公式的二重积分形式及其应用[J]. 高等函授学报:自然科学版,2006,19(2):29-31.

[27] 丁殿坤,王云丽,王娟.积分准则及检根法的等价定理[J].湘潭师范学院学报:自然科学版,2005,27(1):10-11.

[28] 丁殿坤,王云丽.Weierstrass 判别法的等价定理及其应用[J].高等函授学报:自然科学版,2006,19(5):40-41.

[29] 丁殿坤.空间几何体在平面上的投影区域[J].齐齐哈尔大学学报:自然科学版,2007,23(4):76-78.

[30] 丁殿坤,边平勇.空间曲线在平面上的投影曲线参数方程[J].大学数学,2006,22(3):147-150.

[31] 丁殿坤,王汝亮.旋转曲面方程求法的探讨[J].山西师范大学学报:自然科学版,2006,20(2):14-16.

[32] 丁殿坤.旋转曲面的面积及围成立体体积的求法[J].大学数学,2007,23(4):184-187.